CHEMICAL THERMODYNAMICS

하루 한 권, **화학 열역학**

사이토 가쓰히로 지음   정혜원 옮김

물질, 반응, 에너지로 분석하는 온갖 변수들

사이토 가쓰히로

1945년 5월 3일생. 1974년 도호쿠대학 대학원 이학연구과 박사 과정을 수료한 이학 박사로, 현재는 나고야공업대학교 명예 교수, 아이치가쿠인대학교 객원 교수 등을 겸임하고 있다. 전문 분야는 유기 화학, 물리 화학, 광화학, 초분자 화학이다. 주요 저서로는『マンガでわかる有機化学 가볍게 읽는 유기 화학』,『金属のふしぎ 금속의 신비』,『レアメタルのふしぎ 희소 금속의 신비』,『毒と薬のひみつ 독과 약의 비밀』,『知っておきたい有害物質 の疑問100 알고 싶은 유해물질 의문 100』,『知っておきたいエネルギーの基礎知識 알아야 할 에너지 기초 지식』,『知っておきたい 太陽電池の基礎知識 알아야 할 태양 전지 기초 지식』〈サイエンス・アイ新書〉등이 있다. 국내에 번역된 도서로는『하루 한 권, 주기율의 세계』,『하루 한 권, 탄소』,『하루 한 권, 일상 속 화학 반응』〈드루〉등이 있다.

캐릭터 소개

이오

착실한 우등생으로 넬의 언니 같은 존재이다.

넬

가끔 덜렁거리지만, 화학을 좋아하는 화학 꿈나무이다.

우주는 물질로 이루어져 있으며 모든 물질은 원자로 구성되어 있습니다. 그런데 우주는 약 137억 년 전 빅뱅으로 인해 생겼다고 합니다. 그때 수소와 소량의 헬륨이 생성되었고, 다른 원자는 빅뱅 이후 항성의 핵융합과 폭발로 생겼습니다.

빅뱅으로 탄생한 것은 원자뿐만이 아닙니다. 에너지도 탄생했지요. 그 후 원자와 에너지, 즉 물질과 에너지는 서로 손잡고 우주를 만들어 왔습니다.

화학은 물질 자체를 다루는 학문, 또는 물질의 변화를 다루는 학문입니다. 좀 더 전문적으로 보면 원자의 화학 결합과 분자의 변화를 다루는 학문이지요.

분자의 변화가 결국 화학 결합의 변화임을 감안한다면, 화학은 화학 결합을 다루는 학문으로 요약할 수 있습니다. 나아가 모든 화학 결합은 전자의 지배하에 있으므로 결국 화학은 '전자의 과학'인 셈입니다.

전자는 에너지와 밀접한 관련이 있습니다. 화학 결합은 전자의 에너지가 더 안정적인 상태로 변화하는 것입니다. 정리하면 화학의 본질은 전자 에너지의 변천에 있는 셈이므로 화학은 '전자 에너지의 과학'이라는 결론이 나옵니다.

어떻게 생각하시나요? 중학교 과정부터 고등학교 과정까지 화학 교육은 거의 원자·분자의 연결에 초점이 맞춰져 있습니다. 그런데 위의 결론은 기껏해야 결합 에너지나 반응 에너지 정도만 나타내는 것이 아닐까요? 화학은 물질적인 부분뿐만 아니라, 더 중요하고 본질적인 에너지로서의 측면도 가지고 있습니다.

분자는 고유한 에너지를 갖고 있습니다. 그 종류는 놀라울 만큼 많아서 인류가 모든 가짓수와 양을 파악할 수 없어요. 하지만 그 변화량을 파악하는 일은 가능합니다.

만약 2층에서 뛰어내리면 방출된 위치 에너지로 인해 다리를 다치겠지요? 분자도 마찬가지입니다. 고에너지 분자가 저에너지 분자로 변화할 때는 그 차이만큼 에너지가 외부로 방출됩니다. 이는 연소 등으로 방출되는 열로, 보통 반응 에너지라고 불러요.

아이들이 놀고 나면 정돈되어 있던 방은 무질서해집니다. 또 커피잔에서 흘러나온 커피 향은 공중으로 퍼지지요. 둘 다 그 반대로는 변화하지 않습니다. 향이 아직 잔에 머물 때는 방이 말끔히 정돈된 상태라고 할 수 있습니다. 그러나 공중으로 퍼지기 시작하면 무질서한 상태가 됩니다. 커피 향이 잔 밖으로 퍼져 나가는 것에서 알 수 있듯 우주는 무질서한 방향으로 변화하며, 이를 엔트로피라고 합니다.

지금까지 이야기한 내용은 이 책의 아주 일부에 지나지 않지만, 화학 현상의 본질에 해당합니다. 이렇게 화학의 본질을 탐구하는 학문을 화학 열역학이라고 해요. 화학 열역학은 물리나 수학처럼 수식이 많아 쉽지 않습니다. 하지만 이 책에 수식은 많지 않습니다. 수식을 이용하지 않고 알기 쉽고 재미있게 화학 열역학을 설명할 목적으로 이 책을 썼기 때문입니다.

일반 독자는 물론, 화학과 학생 중에도 화학 열역학이 어려운 학생이 있다면 잠깐 교과서를 덮고 이 책을 읽으세요. 그런 다음 교과서로 돌아가면 훨씬 쉽게 느껴질 것입니다.

사이토 가쓰히로

목차

에너지란 무엇일까?

에너지(*E*)란 일(*W*)을 하는 힘으로 그 종류가 다양합니다. 예를 들어 증기 기관에 사용하는 증기는 배나 기관차를 움직이는 일을 하는데, 이때 증기는 열에너지(*Q*)로 만듭니다. 그런데 전기도 증기를 만들 수 있고, 빛도 볼록 렌즈를 이용해 증기를 만들 수 있습니다. 그러니 전기와 빛도 에너지입니다. 이처럼 에너지는 형태가 다양합니다.

에너지란 무엇일까?

이번 장에서는 에너지와 열에 대해 살펴볼 것입니다. 이미 잘 아는 내용이지만 의외로 잘 몰랐던 사실도 있습니다. 그렇다면 에너지와 열을 '살펴본다'라는 말은 무슨 의미일까요? 지금부터 앞으로 어떤 내용을 다룰지 간단히 소개하려고 합니다. 기본 지식을 익혀 두면 이 책을 더 쉽고 재미있게 읽을 수 있을 거예요.

1 ▶▶ 열·에너지·일

높은 곳에 있는 물을 떠올려 보세요. 이 물은 큰 위치 에너지를 갖습니다. 발전기 터빈을 돌리는 데 물이 가진 위치 에너지를 사용하고 이때 발생한 전기 에너지가 모터를 돌리는 일을 하면, 온풍기가 작동하여 실내를 따뜻하게 해 줍니다. 이 일련의 작용은 에너지(E), 일(W), 열(Q)이 같은 것임을 나타냅니다.

이처럼 에너지는 여러 가지 형태로 변할 수 있습니다. 에너지는 그리스어로 '힘의 원천'이라는 뜻입니다. 어쩌면 이것이 '에너지란 무엇일까?'라는 질문의 답이자 에너지의 본질인지도 모릅니다.

2 ▶▶ 열역학 제1법칙

화학에서 에너지와 열을 다루는 분야를 화학 열역학이라고 합니다. 여기에는 중요한 법칙 몇 가지가 있는데 그중 제1법칙을 에너지 보존의 법칙이라고 불러요.

> 고립계의 에너지 총량은 항상 일정하다

계(系, system)라는 건 영향이 미치는 범위라고 보면 됩니다. 좁게 생각하면 어항, 넓게 생각하면 우주 같은 것이지요. 그중에서도 고립계란 에너지 및 물질이 외부와 단절된 계를 말합니다.

에너지(E)는 아인슈타인의 이론에 따라 질량(m)과 연결되어 있습니다. 즉 에너지와 물질은 같다는 말이에요. 따라서 간단히 말해 열역학 제1법칙은 '먹으면 살이 찐다'라는 자연의 섭리를 따릅니다.

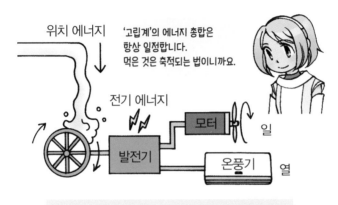

위치 에너지

'고립계'의 에너지 총합은 항상 일정합니다. 먹은 것은 축적되는 법이니까요.

전기 에너지

모터

일

발전기

온풍기

열

$$E = mc^2$$

E: 에너지 m: 질량 c: 빛의 속도

고립계

열역학 제1법칙

양자화란 무엇일까?

20세기 과학은 두 가지 위대한 이론을 낳았습니다. 상대성 이론과 양자론입니다. 특히 화학에서는 상대성 이론을 통해 에너지=질량이라는 공식이 탄생했고, 양자론을 통해 양자 화학이 탄생했습니다.

1 ▶▶ 양자 화학

양자 화학은 양자론을 화학에 응용한 것입니다. 원자·분자를 파동 함수라는 식으로 나타내고 그것을 해석함으로써 물성뿐만 아니라 반응성까지 밝힐 수 있어요.

양자론을 접목한 결과물은 매우 뛰어나 이제 양자 화학이 없는 화학 연구는 어림도 없을 정도랍니다. 이러한 양자 화학의 큰 특징은 원자·분자 단위의 세계에서 에너지 등 많은 양이 양자화되어 있다는 것입니다.

2 ▶▶ 양자화

양자화란 양이 일정 단위로 묶여 있는 것입니다. 예를 들어 수돗가에서 물을 받는다고 생각해 보세요. 컵으로 한 잔이든 양동이로 한 통이든, 또는 0.38리터든 5.21리터든 원하는 만큼 물을 받을 수 있지요? 그런데 편의점에서 파는 생수는 어떨까요? 가령 1리터씩 병에 담겨 있다고 하면, 0.38리터만 필요해도 1리터, 즉 1병을 사야 합니다. 5.21리터만 필요해도 6리터, 즉 6병을 살 수밖에 없습니다. 생수가 1리터 단위로 묶여 있기 때문입니다. 이것을 양자화된 양이라고 해요. 반면 수돗물은 연속량이지요.

양자 화학에서는 이처럼 에너지, 운동량, 심지어 공간까지도 양자화됩니다. 그래서 원자·분자의 모습이 우리가 알던 이미지와 상당히 다르답니다. 알게 모르게 그런 이미지에 익숙해져 있을 뿐이에요.

잘 부탁드립니다.

이력서

$H\Psi = E\Psi$

파동 함수

알겠습니다.

지원자

면접관

수돗물은 '연속량',
생수는 '양자화된 양'입니다.
그럼 빗방울은
어디에 해당할까요?

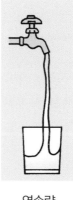

연속량

양자화된 양

원자의 전자 에너지

모든 물질은 원자로 이루어져 있습니다(그림 1). 그리고 원자는 원자핵과 전자로 이루어져 있지요. 원자가 가진 에너지는 물질이 갖는 에너지의 원천이 됩니다.

1 ▶▶ 원자핵의 에너지

물질은 고유의 질량(m)과 부피(V)를 가집니다. 우주는 물질과 에너지(E)로 이루어져 있습니다. 그런데 아인슈타인의 공식($E = mc^2$)에 따르면 물질이나 에너지나 결국 같은 것이므로 우주는 에너지로 이루어져 있다고 해도 과언이 아닙니다.

물질을 구성하는 원자는 원자핵과 전자로 이루어져 있습니다. 따라서 원자가 가진 에너지는 원자핵에서 비롯된 것과 전자에서 비롯된 것으로 나누어 생각할 수 있어요.

원자핵은 일반적으로 핵자(핵을 이루는 기본 입자)라고 하는 양성자와 중성자로 이루어져 있는데(그림 2) 원자핵 에너지의 일부는 두 핵자를 결합하는 결합 에너지입니다.

2 ▶▶ 전자의 에너지

원자핵은 플러스 전하를 띠고 전자는 마이너스 전하를 띱니다. 그 결과 원자핵과 전자 간에는 전자기력 등 다양한 에너지가 발생합니다.

원자 속의 전자는 원자핵 주변에 아무렇게나 모여 있는 게 아니랍니다. 전자에는 정해진 위치가 있어요. 이것을 전자껍질 또는 궤도라고 부르지요. 궤도에는 일정 에너지가 있어서 궤도에 들어간 전자는 해당 궤도의 에너지를 갖습니다(그림 3). 앞에서 본 것처럼 궤도 에너지는 양자화되어 있어 불연속적인 고윳값을 갖고, 각 궤도 속 전자의 전자구름은 고유 형태를 취합니다. 이것을 해당 궤도의 형태라고 합니다. 궤도의 에너지 및 형태는 분자의 결합 형성에 큰 역할을 합니다.

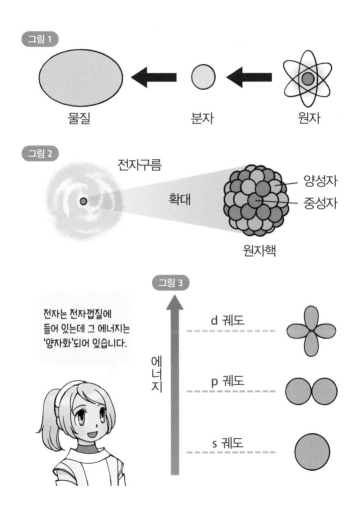

그림 1

물질 ← 분자 ← 원자

그림 2

전자구름 확대 양성자 중성자 원자핵

그림 3

전자는 전자껍질에 들어 있는데 그 에너지는 '양자화'되어 있습니다.

에너지

d 궤도

p 궤도

s 궤도

분자의 결합 에너지

분자는 원자의 결합으로 이루어진 단위체입니다. 분자가 가진 에너지는 원자의 에너지와 원자를 결합하는 에너지, 즉 결합 에너지의 합계입니다.

1 ▶▶ 분자란

물질의 성질을 그대로 가지고 있는 최소 입자를 분자라고 합니다. 1리터의 물을 500밀리리터, 250밀리리터로 계속 반씩 나누면 어떻게 될까요? 더 이상 나눌 수 없는 작은 입자만 남겠지요. 이것이 물 분자로, 여전히 물의 성질을 가지고 있습니다.

하지만 물 분자는 더 분해할 수 있으며 그 결과, 수소 원자와 산소 원자로 나뉩니다. 이제는 더 이상 물의 성질이 남아 있지 않아요(그림 1).

여기서 수소 원자와 산소 원자가 연결된 것을 화학 결합이라고 하고, 그 에너지를 결합 에너지라고 합니다.

2 ▶▶ 결합 에너지

결합에는 많은 종류가 있습니다. 염화 나트륨($NaCl$)에서 나트륨(Na^+)과 염화 이온(Cl^-)을 연결하는 이온 결합, 여러 금속에서 금속 원자를 연결하는 금속 결합 등은 잘 알려져 있습니다. 그러나 가장 화학 결합다운 결합은 공유 결합일 것입니다. 공유 결합에는 단일 결합과 이중 결합, 삼중 결합 등이 있습니다(그림 2, 그림 3).

이 결합들은 모두 고유의 결합 에너지로 원자나 이온을 연결하며, 결합 에너지도 양자화 · 단위화되어 있습니다. 특히 공유 결합은 에너지 상태가 매우 복잡합니다. 공유 결합의 에너지는 결합을 구성하는 전자의 궤도로 짐작할 수 있습니다. 궤도에는 결합성 궤도와 반결합성 궤도가 있는데 각각 결합에 기여하는 영향이 정반대입니다.

그림 1

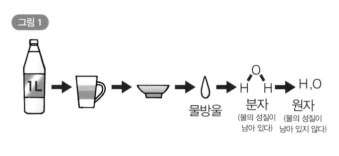

그림 2

그림 3

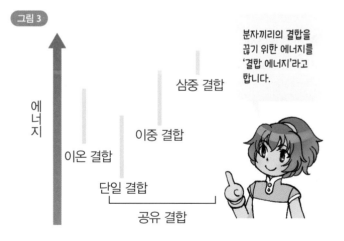

1-5

반응과 에너지

원자와 분자는 반응하여 분자를 이루고 그 분자는 또 새로운 분자로 변합니다. 이때 출입하는 에너지를 반응 에너지라고 합니다.

1 ▶▶ 화학 반응

화학 반응 연구는 화학 연구 영역에서 가장 범위가 넓고 중요한 분야입니다. 화학은 물질을 다루는 것으로 그 결과를 활용해 의약품이나 화학 비료, 농약, 플라스틱, 전지 등 인류의 행복에 도움을 주는 것을 잇달아 만들고 합성해 왔습니다. 그 합성들은 그야말로 화학 반응의 집대성이라 할 수 있지요.

화학 반응의 종류는 매우 다양합니다. 연소를 비롯한 산화 · 환원이 대표적인 예입니다. 물질이 녹는 현상도 화학 반응의 일종으로, 단순해 보이지만 사실 몇 과정이 조합된 복잡한 현상이랍니다.

2 ▶▶ 반응 에너지

숯을 태우면 주변이 뜨거워지고 간이 냉각 패드를 손에 붙이면 피부가 차가워집니다. 숯의 연소와 간이 냉각 패드의 냉각은 모두 화학 반응의 일종이에요. 자세히 말하자면 뜨거워지는 것은 출발계가 열, 즉 에너지를 외부로 방출한 결과이고, 피부가 차가워지는 것은 외부에서 에너지를 흡수한 결과입니다.

이처럼 반응에 따라 들어오고 나가는 에너지를 반응 에너지(반응열)라고 합니다. 에너지를 발생시키는 반응을 발열 반응, 흡수하는 반응을 흡열 반응이라고 하지요.

분자는 내부 에너지라는 고유 에너지를 갖습니다. 분자 구조가 변화하면 내부 에너지도 변화합니다. 그 변화가 외부로 나타난 것이 바로 반응 에너지입니다. 반응 전의 계(출발계)가 반응 후의 계(생성계)보다 고에너지면 발열 반응이고, 반대로 저에너지면 흡열 반응입니다. 배터리의 에너지도 이런 반응 에너지가 전기 에너지로 바뀐 것입니다.

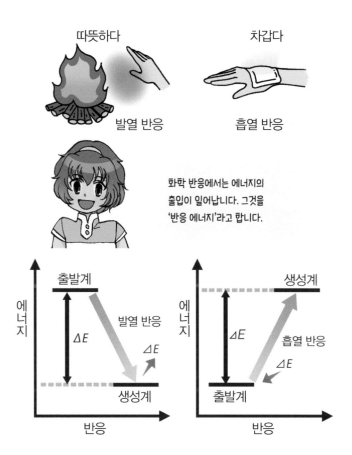

따뜻하다

차갑다

발열 반응

흡열 반응

화학 반응에서는 에너지의 출입이 일어납니다. 그것을 '반응 에너지'라고 합니다.

출발계

에너지

발열 반응

ΔE

ΔE

생성계

반응

생성계

에너지

ΔE

흡열 반응

ΔE

출발계

반응

에너지와 엔탈피

대기압 속에서 일어나는 반응에는 부피 변화가 따릅니다. 부피 변화도 일이자 에너지이므로, 반응 에너지가 변화할 때에는 내부 에너지 변화와 함께 부피 변화량도 고려해야 합니다. 이것을 엔탈피 H라고 합니다.

1 ▶▶ 변화의 종류

화학 반응을 포함하여 물질이 다른 물질 또는 상태로 변하는 것을 일반적으로 변화라고 합니다. 변화는 일어나는 조건에 따라 여러 가지로 분류됩니다.

등적 반응과 등압 반응을 예로 들면, 등적 반응이란 반응 과정에서 부피(용적)의 변화가 없는 것을 말합니다. 철제 가스통 안에서 진행되는 반응 등이 그에 해당하지요. 한편 등압 반응은 일정한 압력 속에서 진행되는 반응을 말합니다(그림 1). 대부분의 반응은 대기압 속에서 일어나므로 등압 반응에 해당합니다.

2 ▶▶ 내부 에너지와 엔탈피

등적 반응에서 계의 처음 내부 에너지를 U_1, 반응 후의 내부 에너지를 U_2라고 하면 내부 에너지의 변화량 Q는 다음 식으로 나타낼 수 있습니다.

$$Q = U_2 - U_1 = \Delta U$$

그렇다면 등압 반응은 어떨까요? 풍선 속에서 반응을 일으킨다고 생각해 보세요. 반응 결과 열이 발생하면 풍선 내부의 기체가 팽창해 풍선이 부풀어 오릅니다.

이때 풍선이 부풀었다는 것은 풍선이 외부 압력에 반해 일을 했다는 뜻입니다. 여기서 압력을 P, 부피 변화를 ΔV라고 하면 일 W는 $W = P\Delta V$로 나타낼 수 있습니다.

또한 반응 전의 계에 있던 내부 에너지를 U_1, 반응 후의 내부 에너지는 U_2라 할 때, U_2는 외부에 W만큼 일하고 남은 에너지가 되지요.

따라서 반응에 따른 에너지 변화(엔탈피)를 ΔH라고 하면

$$\Delta H = U_1 - (U_2 - W) = \Delta U + W = \Delta U + P\Delta V$$

가 됩니다(그림 2).

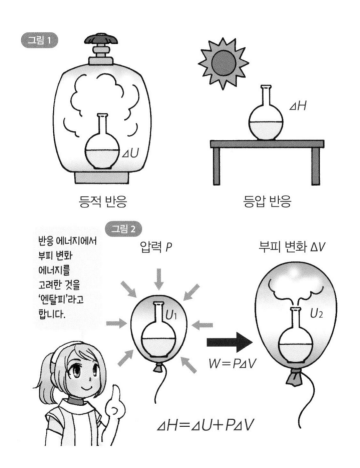

그림 1

등적 반응 ΔU

등압 반응 ΔH

그림 2

반응 에너지에서 부피 변화 에너지를 고려한 것을 '엔탈피'라고 합니다.

압력 P 부피 변화 ΔV

U_1 U_2

$W = P\Delta V$

$\Delta H = \Delta U + P\Delta V$

무질서함과 엔트로피

커피 향은 잔에서 공기 중으로 퍼지지만, 퍼진 향은 다시 잔으로 돌아가지 않습니다. 우주가 무질서한 상태를 좋아하기 때문입니다.

1 ▶▶ 질서 정연함과 무질서함

물에 파란 잉크를 한 방울 떨어뜨려 보세요. 잉크는 파란 물방울이 되어 컵 중앙에 파란 덩어리 상태로 머물 것입니다. 며칠 후, 컵을 보면 어떻게 되어 있을까요? 아마 파란 덩어리는 사라지고 물 전체가 파랗게 변해 있을 것입니다.

이것은 잉크가 질서 정연하게 한곳에 멈춰 있는 대신, 물 전체로 흩어졌음을 의미합니다. 여기서 전자는 질서 정연한 상태, 후자는 무질서한 상태라고 할 수 있어요(그림 1). 예를 들어 얼음처럼 분자가 줄을 맞춰 늘어선 고체는 질서 정연한 상태고 물처럼 분자가 멋대로 돌아다니는 액체는 무질서한 상태입니다. 그리고 수증기처럼 분자가 날아다니는 기체는 더 무질서한 상태지요(그림 2).

2 ▶▶ 열역학 제2법칙

열역학에서는 계의 무질서함을 나타내는 데 엔트로피 S라는 지표를 사용합니다. S가 클수록 무질서한 상태입니다.

앞에서 예로 든 잉크와 물의 경우, 각 분자가 질서 정연하게 나뉘어 있다가 무질서하게 뒤섞여 잉크 수용액이 되었으니 계의 엔트로피가 늘어난 셈입니다. 공기 중으로 퍼진 커피 향의 경우에도 역시 엔트로피가 증가한 것입니다.

> **변화는 일반적으로 엔트로피가 증가하는 쪽으로 일어난다**

이것이 열역학 제2법칙입니다.

이 법칙에 반해 변화를 일으키려면 외부에서 에너지나 일을 공급해야 합니다. 다시 말해 분리 조작이라는 일이 필요합니다.

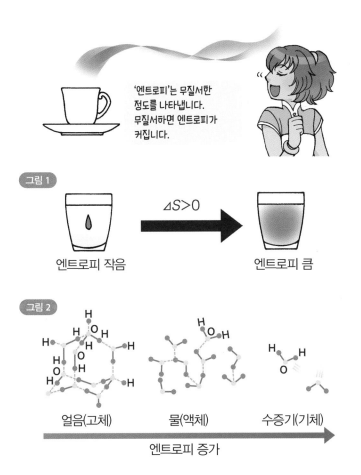

'엔트로피'는 무질서한 정도를 나타냅니다. 무질서하면 엔트로피가 커집니다.

그림 1

$\Delta S > 0$

엔트로피 작음

엔트로피 큼

그림 2

얼음(고체)

물(액체)

수증기(기체)

엔트로피 증가

반응 방향과 자유 에너지

반응 A→B는 A가 B로 변화함을 뜻하면서 동시에 B는 A로 변화하지 않음을 뜻합니다. 그 이유는 무엇일까요?

1 ▶▶ 반응 방향

반응에는 여러 종류가 있습니다. A→B는 왼쪽에서 오른쪽으로만 변하고 오른쪽에서 왼쪽, 즉 B에서 A로는 변하지 않음을 나타냅니다. 이런 반응을 비가역 반응이라고 합니다.

반면 A⇌B는 오른쪽으로도 왼쪽으로도 변하는 것으로 가역 반응이라고 불립니다.

어째서 반응 A→B는 오른쪽으로만 일어날까요? 강물은 높은 곳(위치 에너지가 큼)에서 낮은 곳(위치 에너지가 작음)으로 흐릅니다. 분자의 내부 에너지에도 크기가 있습니다. 그렇다면 반응은 내부 에너지가 높은 계에서 낮은 계로 진행되는 것일까요?

2 ▶▶ 자유 에너지

반응 방향을 결정하는 것은 에너지뿐만이 아닙니다. 앞에서 본 엔트로피도 관여합니다. 결론부터 말하자면, 반응은 엔트로피가 증가하는 방향으로 일어납니다.

그런 반응이 오른쪽으로 진행된다면 에너지와 엔트로피 모두 감소하는 반응은 어느 쪽으로 진행될까요? 오른쪽으로 진행되는 반응은 에너지 측면에서는 유리하지만, 엔트로피 측면에서는 불리합니다(그림 1, 그림 2). 이런 딜레마를 해결하는 것이 자유 에너지라는 지표입니다.

지금까지 이 책을 읽는 데 필요한 기본 지식에 대해 간단히 살펴보았습니다. 앞으로는 더 자세하고 정확하게, 또 재미있고 알기 쉽게 설명하려고 합니다. 부디 책을 덮지 말고 끝까지 읽길 바랍니다.

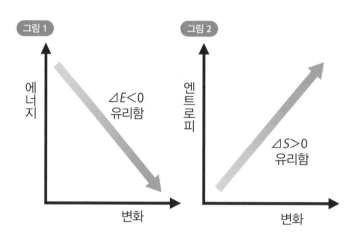

제1장 연습 문제

1 다음 중 에너지가 아닌 것은?(3개)

 A : 빛   B : 부피   C : 열   D : 온도

 E : 농도   F : 일   G : 거리

2 다음 중 양자화(단위화)되어 있는 것은?(3개)

 A : 돈   B : 성적   C : 거리   D : 온도

 E : 장어덮밥 가격   F : 압력

3 다음 성질이 A(원자핵)와 B(전자) 중 어느 것에 해당하는지 고르세요.

 a : 분열하거나 융합한다.   (A/B)

 b : 껍질 혹은 궤도에 들어가 있다.   (A/B)

 c : 화학 결합에 큰 역할을 한다.   (A/B)

 d : 양성자와 중성자로 이루어져 있다.   (A/B)

 e : 원자에서 에너지를 발생시킨다.   (A/B)

 f : 화력 발전 에너지를 발생시킨다.   (A/B)

4 괄호 안에 알맞은 말을 써넣으세요.

분자란 물질의 ①( )을 띤 최소 ②( )이며 ③( )는 분자를 구성하는 입자입니다. 분자를 이루기 위한 원자의 연결을 ④( )이라고 합니다. 분자가 다른 분자로 변화하는 것을 화학 반응이라고 하며 그때 출입하는 에너지를 ⑤( )라고 합니다. 화학 반응에는 ⑥( ) 반응과 등압 반응이 있는데, 특히 등압 반응에서 출입하는 에너지를 ⑦( )라고 합니다.

정답은 216쪽에 있습니다.

양자론과 에너지

모든 물질은 원자로 이루어져 있습니다. 원자는 에너지 덩어리지요. 원자처럼 작은 물질이 가진 에너지는 양자화되어 있습니다. 앞서 살펴본 것처럼, 양자화는 에너지 등의 양(量)이 연속되지 않고 어느 단위의 배수로만 존재하는 것을 말합니다. 만원 단위의 돈을 셀 때, 1만 원, 2만 원, 3만 원 순서로 세는 것도 화폐 가치가 양자화되어 있음을 보여줍니다.

2-1

물질을 이루는 것

우주는 물질과 에너지로 이루어져 있는데, 이 물질과 에너지는 빅뱅이라는 갑작스러운 대폭발로 생겼습니다.

1 ▶▶ 빅뱅

지금으로부터 약 137억 년 전, 별안간 대폭발이 일어났습니다. 우리는 이를 빅뱅이라고 부르고 우주 전체는 이 폭발로 인해 생겨났다고 합니다. 빅뱅으로 생성된 것은 대부분 수소였고 그밖에는 헬륨이었습니다. 화학 관점에서 볼 때 중요한 사실은 이 폭발로 인해 물질이 생겼다는 점입니다. 물질이란 일정 질량(m)과 부피(V)를 가진 것입니다.

아인슈타인 이론에 따르면 질량(m)과 먹자(E)는 $E = mc^2$이라는 공식에 따라 서로 바꿀 수 있습니다. 그렇다면 빅뱅으로 생긴 것은 에너지이고, 물질은 에너지의 변형이라고 생각할 수 있습니다. 정리하면 빅뱅으로 에너지가 만들어졌고, 이 에너지가 우주의 근원일지도 모른다는 얘기입니다.

2 ▶▶ 물질을 이루는 것

우주에 있는 모든 물질은 수소와 헬륨에서 탄생했습니다. 흩어진 수소는 구름처럼 떠돌다가 어느덧 밀도를 갖게 되었습니다. 밀도가 높은 곳은 중력으로 인해 더욱 밀도가 높아져 온도가 높아졌고, 수소 원자는 고온·고밀도 상태에서 융합되어 헬륨이 되었습니다. 바로 핵융합 반응을 일으킨 것이지요. 이때 발생한 에너지로 빛을 내는 것이 태양과 같은 항성이에요. 핵융합은 진행될수록 질량이 더 큰 원자를 만들고, 최종 경로인 철에 다다르면 더 이상 반응하지 않습니다. 핵융합에 필요한 에너지가 핵융합에서 나오는 에너지보다 크기 때문입니다.

핵융합이 멈춰 에너지를 생산할 수 없게 된 항성은 크기에 따라 다양한 운명을 맞습니다. 어떤 별은 대폭발을 일으키는데 철보다 원자 번호가 큰 원자는 그 폭발로 생긴 것으로 여겨져요. 우리의 우주는 이런 식으로 탄생했답니다.

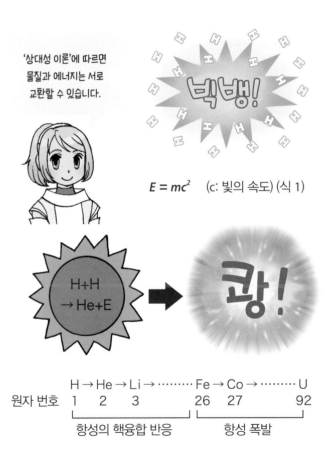

'상대성 이론'에 따르면 물질과 에너지는 서로 교환할 수 있습니다.

빅뱅!

$E = mc^2$ (c: 빛의 속도) (식 1)

H+H → He+E

쾅!

원자 번호   H → He → Li → ········· Fe → Co → ········· U
               1   2   3   26   27   92

항성의 핵융합 반응   항성 폭발

원자의 구조와 크기

우주는 물질로 이루어져 있고 모든 물질은 원자로 이루어져 있습니다. 그런데 원자란 무엇일까요?

1 ▶▶ 원자를 이루는 것

모든 물질은 원자라는 미세한 입자로 이루어져 있습니다. 마치 컬러 인쇄물을 확대했을 때 작은 점이 모여 있는 것과 비슷해요. 입자의 집합체라는 의미에서 물질은 디지털 방식이라 생각해도 좋을 것 같습니다(그림 1).

원자를 본 사람은 아무도 없어요. 다만 다양한 데이터를 바탕으로 원자를 공처럼 둥근, 구름 모양의 구 형태로 추측할 뿐입니다. 구름처럼 보이는 부분은 전자구름이라고 불립니다. 전자구름도 어엿한 '구름'이므로 바깥쪽으로 갈수록 흐릿해져 윤곽도 크기도 뚜렷하지 않습니다. 이런 점은 마치 아날로그 방식과 비슷하지요(그림 2).

그렇다면 아날로그 입자가 모여 디지털이 되는 것일까요? 원자의 세계에는 이런 모순된 현상이 아주 많답니다.

2 ▶▶ 원자의 크기

원자는 매우 작은 입자로 그 지름은 10^{-10}미터, 약 0.1나노미터(0.1nm)입니다. 현대 과학의 산물이라는 나노테크는 나노미터 수준의 물질을 다루는 기술을 말하는데, 1나노미터는 10개 미만의 원자가 가로로 늘어선 길이에 불과해요. 나노테크는 이보다 조금 더 큰 분자를 다루는 기술이며, 기본적으로 화학 기술이랍니다.

0.1나노미터가 어느 정도인지 감이 오지 않을 거예요. 예를 들어 볼까요? 원자를 탁구공 크기로 확대하고 탁구공도 같은 비율로 확대한다면, 탁구공

은 지구만큼 커집니다. 원자가 얼마나 작은지 이제 아시겠지요? 원자와 원자핵은 이처럼 아주 작은 물질입니다. 그만큼 우리가 사는 세계와는 상당히 다른 환경에 놓여 있어요.

그림 1

물질
- 원자의 집합체
- 디지털 방식

그림 2

원자
- 전자구름으로 이루어진 구
- 경계의 윤곽이 불분명함
- 아날로그 방식

원자를 탁구공 크기로 확대한 뒤 탁구공도 같은 비율로 확대하면 탁구공은 지구만큼 커집니다.

원자 확대 탁구공

탁구공 같은 비율로 확대 지구

하이젠베르크의 불확정성 원리

원자처럼 작은 입자의 움직임이나 변화를 다루는 이론이 바로 양자 화학입니다. 양자 화학이 지배하는 세계에서는 여러 가지 이상한 현상이 일어납니다.

1 ▶▶ 양자 화학

우리가 사는 세계는 17세기 말, 뉴턴이 확립한 뉴턴 역학으로 이해할 수 있습니다.

그러나 뉴턴 역학으로는 원자나 분자 같은 극소 물질의 동태를 표현하기 힘들었습니다. 그래서 뉴턴 역학 대신 등장한 것이 바로 양자 역학입니다. 하지만 양자 역학과 뉴턴 역학은 상반된 것이 아닙니다. 대상이 되는 계의 크기가 다른 것뿐이지요.

양자 역학으로 우리 세계의 물질을 다루면 뉴턴 역학과 같은 결과가 나옵니다. 그물눈의 크기에 비유한다면, 촘촘한 눈이 양자 역학이고 성긴 눈이 뉴턴 역학이라 할 수 있어요. 그리고 양자 역학을 화학에 응용한 것이 양자 화학이라는 이론입니다.

2 ▶▶ 하이젠베르크의 불확정성 원리

양자 화학의 대전제는 독일 과학자 하이젠베르크가 발견한 불확정성 원리입니다. 불확정성 원리란 원자나 분자 같은 미시 세계에서는 짝을 이루는 두 개의 양 중 하나를 알면 다른 하나는 정확히 알 수 없다는 것입니다. 하나를 알면 다른 하나도 알 수 있을 것 같은데 정확히 측정할 수 없다니, 선뜻 이해가 가지 않습니다. 예를 통해 살펴볼까요?

스위스의 마터호른 산을 배경으로 기념사진을 찍으려 합니다. 구형인 뉴턴식 카메라는 산과 인물 모두에 대충 초점이 맞습니다. 그런데 신형인 양자식 카메라는 어느 하나에만 초점이 맞습니다. 산에 초점을 맞추면 정상의 얼음 조각까지도 선명하게 찍히지만, 인물은 흐릿해져 누가 찍혔는지 알 수 없습니다. 인물에 초점을 맞추면 덜 깎인 수염까지도 찍히지만, 산은 산인지 뭉게구름인지 알아볼 수 없습니다. 이것이 불확정성 원리입니다.

'불확정성 원리'에 따르면 위치와 에너지를 동시에 정확히 알 수는 없습니다.

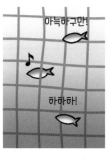

뉴턴식 그물   양자식 그물

뉴턴식 카메라   양자식 카메라

2-4

에너지와 전자구름

2-2에서 전자는 전자구름이라는 '구름'이라고 했습니다. 이렇게 애매모호하게 나타내는 이유는 무엇일까요?

1 ▶▶ 불확정성 원리

한 쌍의 양 가운데 하나를 알면 다른 하나는 정확히 알 수 없다고 앞에서 이야기했지요? 이렇게 쌍을 이루는 양에는 위치와 에너지가 있습니다.

위치를 측정할 때의 오차를 ΔP, 에너지를 측정할 때의 오차를 ΔE라고 하면 하이젠베르크의 불확정성 원리는 식 1로 표현할 수 있습니다. 따라서 ΔP가 0이 되면 ΔE는 무한대가 되고 반대로 ΔE가 0이 되면 ΔP는 무한대가 됩니다.

2 ▶▶ 전자의 확률 표현

즉 전자의 에너지를 정확하게 구하면 그 에너지를 가진 전자의 위치는 알 수 없다는 것을 뜻합니다. 현대 화학은 전자와 에너지의 학문이라 할 수 있습니다. 전자의 움직임과 변화, 에너지로 원자 및 분자의 물성과 반응성을 설명하지요. 그때 중심이 되는 것이 전자의 에너지입니다. 극단적으로 말해 전자의 에너지와 그 변화로 물성 및 반응을 기술하는 셈입니다. 따라서 전자의 에너지를 얼마나 정확하게 구하고 그 변화량을 얼마나 정밀하게 얻느냐에 집중합니다.

특히 전자의 위치보다는 에너지를 최대한 정밀하게 측정하려고 노력합니다. 그 결과 전자의 위치는 불확실해지지요. 불확실하다는 말은 전혀 알 수 없다는 뜻이 아닌, 위치를 확률로만 나타낼 수 있다는 말입니다.

이것이 전자가 구름인 이유입니다. 원자핵에서 거리 r만큼 떨어진 곳에 있을 확률이 몇 퍼센트인가. 이것이 전자의 존재 확률이며 이를 농도로 나타낸 것이 전자구름입니다. 어쩌면 전자구름은 에너지를 확정하는 데 따르는 일종의 희생적 표현일지도 모릅니다.

에너지를 확정한
결과 그 전자의
위치는 확률로만
나타낼 수 있습니다.

전자

위치 P
에너지 E

$\Delta P \cdot \Delta E \geqq h$ (식 1)

h: 플랑크 상수

질량 m

각속도 ω

전자

궤도

반지름 r

원자핵

전자구름

원자핵

• 전자는 궤도 위를 이동한다.
 (위치 확실)
• 뉴턴 역학적 표현

• 전자의 위치를 확률로 나타낸다.
 (위치 불확실)
• 양자 역학적 표현

2-5

에너지의 양자화

양자 화학이 '양자' 화학이라고 불리는 이유는 '양자' 때문입니다. 여기서 양자란 더 이상 나눌 수 없는 물리량의 최소 단위를 말합니다.

1 ▶▶ 연속량과 단위량

원자나 분자처럼 극도로 작은 입자가 활동하는 세계는 우리 일상과 상당히 다릅니다. 그 상징이라고도 할 수 있는 것 중 하나가 앞서 살펴본 불확정성 원리이며 다른 하나는 양자화입니다.

양자화란 물리량이 어떤 최소 단위의 정수배로만 존재하는 것입니다. 무슨 말인지 헷갈린다면, 앞서 설명한 물의 예를 떠올려 보세요.

수돗가에서 물을 받을 때, 수돗물은 컵으로 한 잔이든 양동이로 한 통이든 원하는 양만큼 받을 수 있습니다. 이것을 연속량이라고 합니다.

그렇지만 편의점에서 파는 생수는 어떤가요? 500밀리리터나 1리터 페트병에 담긴 생수를 본 적이 있을 것입니다. 즉 일정 단위의 페트병에 들어 있지요. 가령 1리터 단위로만 살 수 있는 경우 300밀리리터만 필요해도 한 병을 사야 합니다. 만약 2.53밀리리터가 필요하다면 세 병(3리터)을 사야 합니다. 이와 같은 양을 양자화된 양이라고 합니다.

원자와 분자의 세계에서는 많은 양이 양자화되어 있는데 그 전형적인 예가 에너지입니다. 다음 장에서 살펴보겠지만 전자 에너지, 결합 에너지 등 모든 에너지는 양자화되어 불연속적으로 띄엄띄엄 떨어져 있습니다.

2 ▶▶ 양자

뉴턴 역학에서 연속량으로 여겨지던 것이 알고 보니 양자의 집합이었던 사례는 에너지 말고도 많습니다. 전하는 한 개의 전자가 가진 전기 소량

($e-$)이 최소량이며, 모든 전하는 그 정수배로 나타납니다. 빛은 광양자(광자)의 집합체, 즉 광양자의 정수배로 나타나며 광양자 한 개의 에너지 E는 식 1로 표현할 수 있습니다.

수돗물

얼마든지
담으세요!

연속량

생수

병 단위로 가져가세요!

1L   1L   1L

양자화된 양

전자 에너지는
양자화되어
'불연속적인 값'으로만
존재합니다.

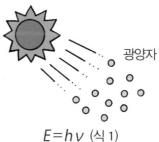

광양자

$E = h\nu$ (식 1)
h: 플랑크 상수
ν: 진동수

양자화와 양자수

양자 화학에서는 많은 물리량이 양자화되어 양자로 존재합니다. 그것을 얼마나 가질지 결정하는 것이 양자수입니다.

1 ▶▶ 양자화된 자동차

현실에선 있을 수 없는 일이지만 자동차 속도(v)가 양자화되어 있다고 가정합시다.

물론 현실 세계의 자동차 속도는 양자화되어 있지 않기 때문에 액셀을 밟아 시속 38킬로미터든 77킬로미터든, 얼마든지 속도를 조절할 수 있습니다(그림 1).

하지만 양자화된 자동차로는 그럴 수 없습니다. 정지(시속 0킬로미터)된 차를 출발시키면 갑자기 시속 10킬로미터로 돌진해 다칠지도 모릅니다. 너무 느린 것 같아 가속페달을 밟으면, 갑자기 시속 40킬로미터가 되겠지요. 거기서 더 속도를 내면 단번에 시속 90킬로미터가 되어 단속에 걸릴지도 모르고, 추월을 시도하면 순식간에 시속 160킬로미터가 되어 운전대에 매달려야 할지도 모릅니다.

2 ▶▶ 양자수

앞에서 예로 든 자동차의 시속을 그림으로 다시 살펴볼까요? 0킬로미터에서 시작해 10, 40, 90, 160킬로미터로 띄엄띄엄 양자화되어 있습니다(그림 2).

이 숫자(시속)에서 우리는 규칙을 찾을 수 있습니다. 시속을 나타내는 숫자들은 급수를 이루고 있습니다. 따라서 n을 정수라고 할 때, 시속은 $10n^2$킬로미터가 됩니다. 여기서 정수 n을 양자수라고 합니다. 그리고 시속 10킬로미터는 속도(물리량)의 최소 단위로 '속도' 양자에 해당합니다.

방금 이야기한 것은 하나의 예일 뿐이지만 현실의 물리량도 마찬가지입니다. 다시 말해 양은 양자의 배수로 존재하고 그 '배수'를 지배하는 것이 바로 양자수입니다. 양자와 양자수가 지배하는 세계, 그것이 원자·분자의 세계랍니다.

그림 1

현실 세계

속

도

양자화된 양의 값은
'양자수'로 결정됩니다.

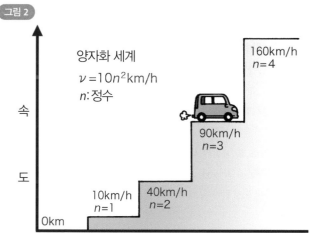

그림 2

양자화 세계

$\nu = 10n^2 \text{km/h}$

n : 정수

속

도

160km/h
$n=4$

90km/h
$n=3$

40km/h
$n=2$

10km/h
$n=1$

0km

광자와 그 에너지

2-5에서 보았듯이 빛은 양자의 일종입니다. 빛의 성질과 에너지는 에너지론에서 중요한 위치를 차지합니다. 여기서는 빛의 에너지를 살펴보겠습니다.

1 ▶▶ 입자와 파동

빛은 광자의 집합체입니다. 광자는 양자의 일종인데, 그 성질의 일부는 입자에 비유할 수 있고, 다른 일부는 파동에 비유할 수 있어요. 그래서 빛은 입자성과 파동성을 동시에 지녔다고 말합니다.

기본 단위인 에너지를 가진 '물질'이라는 관점에서는 광자를 입자에 비유하는 편이 이해하기 쉬울 것입니다. 하지만 그 기본 단위인 에너지가 광자의 '진동수(ν, 뉴)'에 비례한다는 관점에서는 광자를 파동으로 생각하는 편이 더 편할 것입니다.

2 ▶▶ 빛의 에너지

빛은 광자의 집합체이며 광자는 전자기파의 일종입니다. 광자 한 개는 진동수(ν)와 파장(λ, 람다)을 갖는데, 그 에너지는 식 1처럼 진동수에 비례하고 파장에 반비례합니다.

그림 2는 전자기파의 파장과 에너지의 명칭을 나타낸 것입니다. 일반적으로 빛은 전자기파 중 사람의 눈이라는 빛 센서에 감지되는 것을 말합니다. 파장으로 따지면 고작 400~800나노미터 사이에 불과하며, 일곱 가지 무지개색도 여기에 포함됩니다. 알다시피 일곱 가지 색을 모두 더하면 백색광이 됩니다.

800나노미터보다 긴 파장대는 적외선이라고 하는데 사람의 눈으로는 감지할 수 없지만, 피부에서 열로 감지할 수 있습니다. 적외선보다 파장이 긴 것은 전파라고 하며 반대로 400나노미터보다 짧으면 자외선이라고 합니다. 자외선은 진동수가 큰 고에너지로 생물에게 해로운 영향을 미칩니다. 더 짧은 것은 엑스(X)선, 그보다 더 짧은 것은 감마(γ)선으로 생명체의 생존을 위협할 만한 에너지를 갖고 있습니다.

그림 1

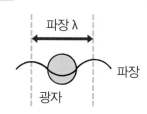

파장 λ

파장

광자

$$E = h\nu = \frac{ch}{\lambda} \quad \text{(식 1)}$$
$$(\lambda\nu = c)$$

c: 광속도,　　λ: 파장,　　v: 진동수,　　h: 플랑크 상수

광자는 개수를 셀 수 있는 입자지만 그 에너지는 '진동수'로 결정됩니다.

그림 2

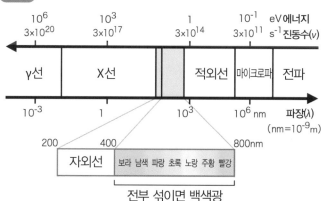

전부 섞이면 백색광

제2장　연습 문제

1 다음 문장 중 옳은 것에 ○표를 하세요.

A : 우주는 빅뱅으로 탄생했고 모든 원자는 폭발할 때 만들어졌다.

B : 원자에는 큰 것과 작은 것이 있으며 가장 작은 것은 수소다.

C : 불확정성 원리에 의하면 위치와 에너지만큼은 동시에 정확하게 알 수 있다.

D : 전자의 위치는 특정할 수 없다. 그래서 전자의 위치를 확률적으로 나타낸 것을 전자구름이라 한다.

E : 전자가 지닌 전하량은 연속량이므로 원하는 만큼 낮출 수 있다.

F : 양자화된 양을 결정하는 것은 양자수다.

G : 빛은 광자라는 입자의 집합체이며 광자 하나의 에너지는 진동수로 결정된다.

2 괄호 안에 알맞은 말을 써넣으세요.

빛은 ①(　　　)의 일종으로 ②(　　　) λ와 ③(　　　) v를 가집니다. λ와 v를 곱한 것이 ④(　　　)입니다. 빛의 에너지는 ⑤(　　　)에 비례하므로 결국 ⑥(　　　)에 ⑦(　　　)비례하는 셈입니다. 전자기파 중 파장이 ⑧(　　　)~⑨(　　　)나노미터인 것을 가시광선이라고 합니다. ⑩(　　　)을 프리즘으로 분광하면 ⑪(　　　) 가지 무지개색이 나타납니다. 가시광선보다 파장이 긴 것을 ⑫(　　　), 파장이 짧은 것을 ⑬(　　　)이라고 부릅니다.

정답은 216쪽에 있습니다.

제3장

원자의 에너지

원자는 원자핵과 전자로 이루어져 있으며 각각 고유한 에
너지를 갖고 있습니다. 원자핵의 에너지를 이용한 것이 원
자로입니다. 전자는 궤도에 위치하는데 궤도에는 고유의
위치 에너지가 있습니다. 그러므로 전자가 한 궤도에서 다
른 궤도로 이동하면 에너지의 출입이 일어납니다. 예를 들
어 수은 램프는 전자가 궤도를 이동할 때 발생한 에너지
를 이용한 것입니다.

원자와 원자핵

우리는 2-2에서 원자의 구조와 크기를 살펴보았습니다. 여기서는 원자의 구조를 좀 더 자세히 살펴보려 합니다.

1 ▶▶ 원자와 원자핵

원자는 구름처럼 생긴 전자구름과 그 중앙의 크기가 작고 밀도가 큰 원자핵으로 이루어져 있습니다(그림 1).

전자구름은 여러 개(수소 원자는 한 개)의 전자(e)로 이루어져 있습니다. 전자는 마이너스 전하를 띠며 그 양은 -1입니다. 따라서 Z개의 전자로 이루어진 전자구름의 전하량은 -Z가 되지요.

원자핵은 각 원자에 하나뿐입니다. 양전하를 가지며 그 절댓값은 전자구름이 띠는 전하의 절댓값 Z와 같습니다. 그래서 원자는 전기적으로 중성입니다.

2 ▶▶ 원자핵의 구조

원자핵은 매우 작아서 지름이 원자의 약 1만분의 일에 불과합니다. 따라서 원자핵이 지름 1센티미터인 유리구슬이라면 원자는 지름 10,000센티미터, 즉 100미터인 구슬이라고 할 수 있습니다.

원자핵은 양성자(p)와 중성자(n)라는 두 가지 입자로 이루어져 있습니다. 양성자와 중성자는 질량이 거의 같지만 전하가 크게 달라요. 양성자는 +1의 전하를 띠는 반면, 중성자는 전하를 띠지 않아 전기적으로 중성입니다.

원자핵을 구성하는 양성자의 개수는 그 원자의 원자 번호이며 기호 Z로 나타냅니다. 그리고 양성자 개수와 중성자 개수의 합은 질량수라고 하며 기호 A로 표시해요(그림 2).

따라서 원자 번호 Z인 원자는 원자핵에 Z개의 양성자가 있어 원자핵은 +Z 전하를 띱니다. 한편 전자구름은 Z개의 전자를 가져 −Z 전하를 띱니다. 따라서 원자핵과 전자구름의 전하가 상쇄되어 원자 전체는 전기적으로 중성입니다.

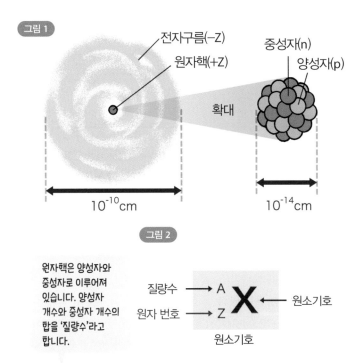

그림 1

전자구름(−Z)
원자핵(+Z)
중성자(n)
양성자(p)
확대
10^{-10}cm
10^{-14}cm

그림 2

원자핵은 양성자와 중성자로 이루어져 있습니다. 양성자 개수와 중성자 개수의 합을 '질량수'라고 합니다.

질량수 → A
원자 번호 → Z
X ← 원소기호
원소기호

명 칭		기호	전하	질량(킬로그램)
원자	전 자	e	-1	9.1090×10^{-31}
	원자핵 양성자	p	+1	1.6726×10^{-27}
	원자핵 중성자	n	0	1.6749×10^{-27}

동위 원소와 그 변화

수소 원자는 한 가지가 아닙니다. 원자에는 동위 원소가 있습니다. 원자 번호는 같으나 질량수는 다른 원자를 말하지요.

1 ▶▶ 동위 원소

원자 번호가 같은 원자의 집합을 원소라고 합니다. 원자 번호가 1인 원자의 집합은 수소입니다. 그런데 이 수소라는 원소는 한 가지뿐이나 수소 원자는 세 가지나 됩니다.

알기 쉽게 설명하면, 동양인을 원소라 하고 저나 여러분 같은 개인을 원자로 생각하면 됩니다. 우리는 모두 아시아인이지만 개개인은 매우 다양하지요.

수소는 원자 번호가 1이므로 양성자 수는 한 가지만 중성자 수에는 제한이 없습니다. 실제로 수소 원자에는 중성자가 없는 (경)수소 ^1H(H), 중성자가 한 개인 중수소 ^2H(D), 두 개인 삼중수소 ^3H(T)가 있습니다. 이처럼 원자 번호는 같지만 질량수가 다른 것을 동위 원소라고 합니다.

2 ▶▶ 변화하는 동위 원소

원자가 변화하는 것을 원자핵 반응이라고 합니다. 원자핵 반응에는 많은 종류가 있는데 원자핵 붕괴도 그 일종입니다. 원자핵이 붕괴한 결과 방출되는 것을 방사선이라고 하며 여러 종류가 있어요. 그중 α선(알파선, ^4He의 원자핵), β선(베타선, 전자), γ선(감마선, 전자기파), 중성자선(중성자) 등이 잘 알려져 있습니다.

원자핵 반응에도 열역학 제1법칙이 적용됩니다. 따라서 원자핵 반응식의 좌변과 우변에서 질량수 및 원자 번호의 합은 같습니다. 원자핵이 붕괴할 때는, 방사선과 함께 에너지도 방출됩니다. 미국이 땅속에서 헬륨 가스를

채굴할 수 있는 것은, 땅속에서 알파 붕괴로 α선이 쌓여 헬륨이 되었기 때문입니다. 이러한 원자핵 반응 에너지는 땅속 맨틀 등을 유지하는 에너지원이 된다고 합니다.

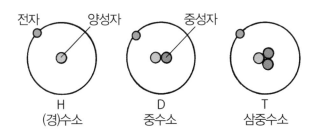

기호	질량수	동위 원소 존재도(%)	원자량
$^{1}_{1}H$	1	99.985	
$^{2}_{1}H(D)$	2	0.015	1.008
$^{3}_{1}H(T)$	3	~0	
$^{12}_{6}C$	12	98.90	
$^{13}_{6}C$	13	1.10	12.01
$^{14}_{6}C$	14	~0	
$^{35}_{17}Cl$	35	75.77	
$^{37}_{17}Cl$	37	24.23	35.45
$^{79}_{35}Br$	79	50.69	
$^{81}_{35}Br$	81	49.31	79.90

α붕괴 $^{A}_{Z}W \longrightarrow {}^{4}_{2}He + {}^{A-4}_{Z-2}X$

β붕괴 $^{A}_{Z}W \longrightarrow {}^{0}_{-1}e + {}^{A}_{Z+1}Y$

        $({}^{1}_{0}n \longrightarrow {}^{0}_{-1}e + {}^{1}_{1}P)$

γ붕괴 $^{A}_{Z}W \longrightarrow \gamma선 + {}^{A}_{Z}W$

중성자 붕괴 $^{A}_{Z}W \longrightarrow {}^{1}_{0}n + {}^{A-1}_{Z}W$

명칭	본체
α선	$^{4}_{2}He$원자핵
β선	전자
γ선	전자기파(에너지)
중성자선	중성자

원자핵의 에너지

원자핵에는 방대한 에너지가 잠들어 있습니다. 그 에너지를 이용하는 것이 태양과 원자로입니다.

1 ▶▶ 결합 에너지

양성자와 중성자처럼 원자핵을 구성하는 입자를 보통 핵자라고 합니다. 이러한 핵자를 결합해 원자핵에 묶어 두는 힘을 결합 에너지라고 부릅니다.

그림 1은 결합 에너지와 질량수의 관계를 나타낸 것으로 그래프의 아래로 갈수록 결합 에너지가 커지는 것을 볼 수 있습니다. 따라서 수소처럼 원자핵이 작은 원자는 결합 에너지가 작아 불안정하지요. 우라늄처럼 원자핵이 큰 원자도 마찬가지로 불안정합니다. 안정적인 것은 질량수가 60정도인 원자로 철이나 니켈 등이 이에 해당합니다.

2 ▶▶ 핵반응 에너지

원자핵 반응 시에는 엄청난 양의 에너지가 방출됩니다. 이러한 반응의 대표적인 예로 핵융합 반응과 핵분열 반응이 있습니다.

▶A 핵융합 반응

핵융합 반응은 작은 원자핵을 융합해 큰 원자핵으로 만드는 반응입니다. 반응이 일어날 때, 여분의 결합 에너지가 방출되지요. 대표적인 예로 두 개의 수소 원자핵이 융합해 한 개의 헬륨 원자핵을 형성하는 반응이 있습니다. 주로 태양 같은 항성에서 일어납니다.

인류는 핵융합 에너지를 미래의 에너지원으로 여겨 기술을 개발하는 데 많은 노력을 기울이고 있지만, 실용화는 아직 먼 이야기인 듯합니다.

▶B 핵분열 반응

큰 원자핵이 분열해 에너지를 방출하는 것을 핵분열 반응이라고 합니다. 대표적인 예는 우라늄의 동위 원소 ^{235}U의 핵분열로, 원자 폭탄이나 원자로에 이용된다는 것은 잘 알고 있을 것입니다. 하지만 반응 결과물로 에너지와 함께 방사능을 띤 위험한 핵분열 생성물이 발생하기 때문에, 이를 안전하게 처리해야 하는 과제가 남아 있습니다(그림 3).

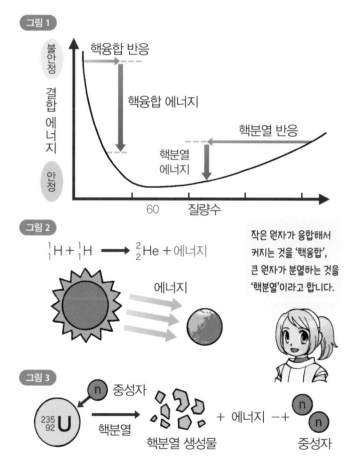

그림 1

불안정 ← 결합 에너지 → 안정

핵융합 반응

핵융합 에너지

핵분열 반응

핵분열 에너지

60   질량수

그림 2

$${}^{1}_{1}H + {}^{1}_{1}H \longrightarrow {}^{2}_{2}He + 에너지$$

에너지

작은 원자가 융합해서 커지는 것을 '핵융합', 큰 원자가 분열하는 것을 '핵분열'이라고 합니다.

그림 3

n 중성자

${}^{235}_{92}U$ 핵분열   핵분열 생성물 + 에너지 − + n n 중성자

전자껍질과 에너지

원자가 가진 에너지 중에는 전자 에너지가 있습니다. 원자가 결합해서 분자를 이룰 때 중요하게 작용하는 에너지입니다.

1 ▶▶ 전자의 위치

원자는 원자 번호와 같은 수의 전자를 갖습니다. 수소(Z=1)는 전자가 1개지만 우라늄(Z=92)은 92개입니다.

원자에 속한 전자는 원자핵 주변에 무질서하게 모여 있는 것이 아닙니다. 전자마다 고유 위치가 정해져 있으며 그것을 전자껍질이라고 합니다.

전자껍질은 원자핵을 에워싼 구형 껍질로 여러 층을 이루고 있습니다. 안쪽부터 알파벳 K를 시작으로 K 껍질, L 껍질, M 껍질 … 로 불러요. 각 전자껍질에는 수용 가능한 전자의 최대 수가 정해져 있는데 K 껍질은 2개, L 껍질은 8개, M 껍질은 18개 … 로 점점 증가합니다.

이때 전자껍질이 가질 수 있는 최대 전자 수는 n을 정수라 할 때, $2n^2$개입니다. 2-6에서 살펴보았듯 여기서 n은 양자수를 말합니다. 즉 K, L, M 등 전자껍질의 양자수는 각각 1, 2, 3이 됩니다(그림 1). 이처럼 원자와 분자에서는 많은 물리량이 양자수의 지배를 받습니다.

2 ▶▶ 전자껍질의 에너지

전자는 음전하를 띠고 원자핵은 양전하를 띱니다. 따라서 둘 사이에는 전자기력(에너지)이 발생하지요. 이때 그 에너지의 절댓값은 전하 간의 거리 r 제곱에 반비례하므로 원자핵에 가까울수록 커져서 K > L > M … 순서가 됩니다.

가장 큰 K 껍질의 에너지를 E_1이라고 하면 전자껍질의 에너지 E_n은 양자

수에 따라 각각 $\dfrac{E_1}{n^2}$이 됩니다(그림 2). 또한 전자껍질 속 전자의 에너지를 전자 에너지라고 합니다.

그림 1

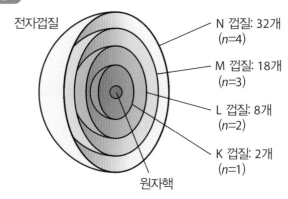

전자껍질

N 껍질: 32개 (n=4)

M 껍질: 18개 (n=3)

L 껍질: 8개 (n=2)

K 껍질: 2개 (n=1)

원자핵

그림 2

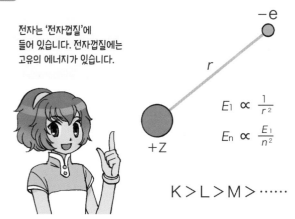

전자는 '전자껍질'에 들어 있습니다. 전자껍질에는 고유의 에너지가 있습니다.

$-e$

r

$+Z$

$E_1 \propto \dfrac{1}{r^2}$

$E_n \propto \dfrac{E_1}{n^2}$

$K > L > M > \cdots\cdots$

3-5

에너지 표현

원자와 분자의 에너지 표현 방식에는 특별한 약속이 있습니다. 그것을 모르면 원자와 분자의 에너지가 이상하게 생각될지도 모릅니다.

1 ▶▶ 전자 에너지의 크기

전자 에너지를 그래프로 어떻게 표현하면 좋을지 생각해 보세요. 전자 에너지는 전자가 원자에 결합하여 발생하는 에너지입니다(그림 1). 따라서 원자에 결합하지 않은 전자, 즉 자유 전자는 전자 에너지가 0입니다. 그 에너지를 기준으로 삼겠습니다.

앞에서 살펴보았듯 원자핵에 가까운 원자껍질일수록 전자 에너지가 커집니다. 그런데 원자와 전자의 물성이나 반응성 관점에서 보면 전자 에너지가 큰 전자일수록 안정적이고 반응성이 낮습니다. 그렇다면 이 두 가지를 '직관적으로' 나타내려면 어떻게 해야 할까요?

2 ▶▶ 전자 에너지와 위치 에너지

궁리 끝에 나온 표현법이 바로 전자 에너지를 '마이너스로' 간주하는 것입니다.

즉 전자 에너지를 에너지 = 0이라는 기준선(자유 전자 에너지) 아래(마이너스 쪽)에 둡니다. 그러면 절댓값이 큰 K 껍질이 그래프의 맨 밑에 오지요. 그 위로 다른 껍질이 L, M, N 등의 순서로 쌓입니다(그림 2).

이 표현법의 장점은 전자 에너지를 마치 위치 에너지처럼 다룰 수 있다는 것입니다. 그래프 상단에 있는 것은 '위치 에너지'가 높아 불안정하고, 하단에 있는 것은 저에너지라 안정적임을 직관적으로 알 수 있습니다. 3-3

에서 살펴본 원자핵의 결합 에너지 그래프도 이 약속에 따라 그려진 것입니다.

그림 1

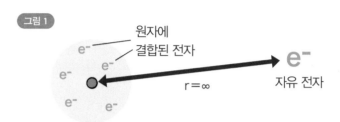

그림 2

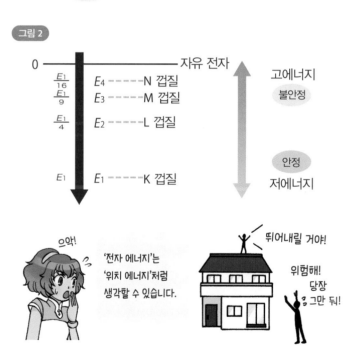

전자 배치와 전자 에너지

전자가 어느 전자껍질에 몇 개씩 있는지 나타낸 것을 전자 배치라고 합니다.

1 ▶▶ 전자 배치의 규칙

전자가 전자껍질에 들어가기 위해 지켜야 하는 두 가지 규칙이 있습니다.

① 에너지가 낮은 전자껍질부터 순서대로 들어간다.
② 전자껍질의 정원을 지킨다.

2 ▶▶ 전자 배치

그림 1은 위의 규칙에 따라 원자 번호순으로 전자를 넣은 것입니다. 수소 $_1$H는 전자가 한 개이므로 규칙①에 따라 K 껍질에 들어갑니다. 헬륨 $_2$He의 전자 두 개도 K 껍질에 들어가지요.

이제 K 껍질은 정원이 다 찼습니다. 이처럼 전자껍질의 정원이 찬 상태를 닫힌 구조라고 하는데 이런 원자는 특별히 안정적인 저에너지 상태인 것으로 알려져 있습니다. 반면 수소처럼 정원이 차지 않은 구조를 열린 구조라고 합니다.

전자가 세 개인 리튬 $_3$Li부터는 규칙 ①, ②에 따라 L 껍질에도 전자가 들어갑니다. 네온 $_{10}$Ne에 이르면 L 껍질도 가득 차서 다시 닫힌 구조로 안정화됩니다.

3 ▶▶ 이온화

Li의 전자 배치를 살펴볼까요? L 껍질에 전자 하나를 가진 열린 구조입니다. 이 전자를 방출하면 He처럼 닫힌 구조가 되어 안정화될 수 있어요.

그래서 Li는 전자 하나를 방출하여 양이온 Li^+가 되려는 경향이 있습니다. 반면 불소 F는 전자 하나를 받아들이면 네온 Ne처럼 닫힌 구조가 됩니다. 그래서 음이온 F^-가 되려는 경향이 있어요(그림 2).

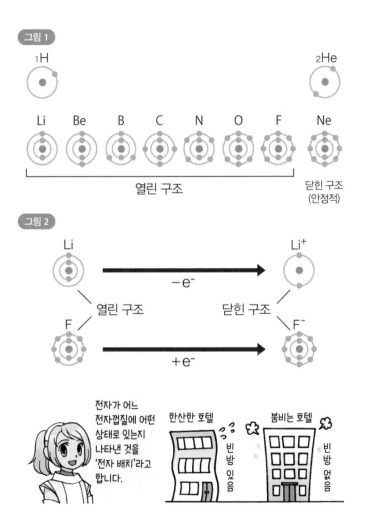

이온화 에너지와 전자 친화도

전자가 전자껍질 사이를 이동하는 것을 전이라고 합니다. 그 결과 생긴 고에너지 상태를 들뜬상태, 전이하기 전의 저에너지 상태를 바닥상태라고 합니다.

1 ▶▶ 바닥상태와 들뜬상태

전자껍질의 전자는 영원히 한 궤도에 있을까요? 물론 아니겠지요. 적당한 에너지가 있으면 다른 전자껍질로 이동합니다. 이렇게 전자가 전자껍질 사이를 이동하는 것을 전이라고 합니다.

원자 A의 전자가 그림 1처럼 배치되어 있다고 가정합시다. 앞에서 보았 듯 전자는 에너지가 낮은 전자껍질부터 차례차례 들어가므로 현재는 에너지가 가장 낮은 상태입니다. 이와 같은 최저 에너지 상태를 보통 바닥상태라고 합니다. 그리고 전자가 들어 있는 전자껍질 중에서 가장 바깥쪽(고에너지)에 있는 것을 최외각이라고 합니다.

이제 원자 A에 최외각과 그 상위 껍질의 간의 에너지 차이 ΔE만큼을 줍니다. 그러면 에너지를 받은 최외각 전자가 상위 껍질로 전이하여 그림 2의 상태가 됩니다. 이것은 에너지가 높은 상태로 들뜬상태라고 불립니다.

2 ▶▶ 이온화 에너지와 전자 친화도

가장 바깥쪽 껍질의 전자인 최외각 전자에 최외각 에너지 $\Delta E_{최}$를 가하면 어떻게 될까요? 전자는 $E=0$ 상태, 즉 자유 전자 상태가 될 것입니다. 이는 전자가 원자 A에서 떨어져 나감을 의미합니다. 이것이 바로 앞에서 본 양이온화이며 A는 양이온 A^+가 됩니다. 이때 $\Delta E_{최}$를 이온화 에너지라고 부릅니다(그림 3, 그림 4).

반대로 자유 전자가 최외각에 들어가면 어떻게 될까요? A가 전자를 받는 셈이므로 음이온 A^-가 되겠지요? 이때는 자유 전자와 최외각 에너지의 차이 $\Delta E_{최}$가 방출되는데 그것을 전자 친화도라고 합니다(그림 5, 그림 6). 단, 그림에서는 이온화 에너지와 전자 친화도의 절댓값이 같아 보이지만 실제로는 약간 차이가 있음을 알아두세요.

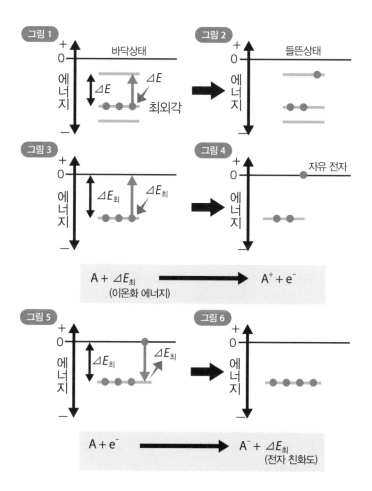

원자와 빛에너지

원자에 에너지를 가하면 최외각 전자가 에너지를 받고 전이하여 들뜬상태가 됩니다. 들뜬상태는 불안정하므로 여분의 에너지를 방출하고 바닥상태로 돌아옵니다.

1 ▶▶ 네온사인

전자 A에 전기 에너지 $\varDelta E$를 가하면(그림 1) 앞에서 본 것처럼 A의 최외각 전자는 전이하여 들뜬상태 A*가 됩니다. 들뜬상태는 고에너지 상태라서 불안정하지요(그림 2). 그래서 A*는 여분의 에너지 $\varDelta E$를 방출하고 바닥상태 A로 돌아옵니다.

이때 방출된 $\varDelta E$는 대개 열이 되지만 간혹 빛이 되기도 합니다. 대표적인 예가 네온(Ne)이며 그 성질을 이용한 것이 네온사인입니다. 네온사인이 붉은 이유는 방출된 에너지 $\varDelta E$가 2-7에서 봤던 붉은 빛에너지와 같기 때문입니다. 공원에서 빛나는 수은등이나 고속도로 터널 안에서 빛나는 나트륨등은 각각 수은(Hg), 나트륨(Na)을 이용한 것입니다.

2 ▶▶ 태양 전지

빛은 에너지이므로 전자는 빛에너지에 의해서도 전이할 수 있습니다. 빛에너지에 의해 발생한 들뜬상태 A*가 여분의 에너지를 빛에너지로 방출하면 어떻게 될까요?

흡수한 빛을 다시 빛으로 방출하니 아무 변화도 일어나지 않을 것 같지요? 하지만 실제로는 흡수하는 빛과 방출하는 빛의 파장이 다르거나 흡수에서 발광까지 시간이 걸리는 현상을 통해 원자가 발광함을 알 수 있습니다. 이것이 형광이나 인광의 원리입니다(그림 3, 그림 4).

그림 5와 그림 6은 흡수한 빛에너지를 전기 에너지로 방출하는 것을 나타냅니다. 이는 태양 전지의 기본 원리지요.

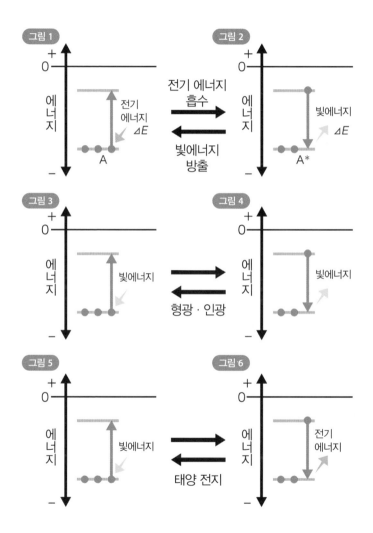

전자 에너지와 스펙트럼

원자가 어떻게 빛을 흡수하는지 나타낸 것을 스펙트럼이라고 합니다. 스펙트럼을 관찰하면 원자의 에너지 상태를 알 수 있습니다.

1 ▶▶ 원자의 빛 흡수

원자에는 수많은 전자껍질이 있습니다. 그중 실제로 전자가 들어 있는 껍질은 밑에 있는 것(저에너지) 몇 개뿐입니다. 다른 전자껍질은 비어 있지요.

특정 대역에 걸쳐 모든 파장의 빛이 섞여 있는 것을 연속 스펙트럼이라고 합니다. 원자에 연속 스펙트럼을 비추면 최외각 전자는 빛을 흡수하여 들뜬상태가 됩니다. 이때 흡수되는 빛에너지는 원자의 최외각과 다른 상위 껍질 간의 에너지 차이인 $\Delta E_1 \sim \Delta E_n$과 같습니다(그림 1).

2 ▶▶ 흡수 스펙트럼

여러 원자의 집합에 연속 스펙트럼을 비추면 어떤 원자는 ΔE_1의 빛을 흡수하고 어떤 원자는 ΔE_n의 빛을 흡수할 것입니다. 따라서 원자 집단을 통과한 빛을 프리즘으로 분광하면 특정 파장대가 흡수되어 스펙트럼 위에 검은 선이 나타납니다. 이것이 스펙트럼의 기본 원리에요. 이런 스펙트럼은 원자의 빛 흡수에 의한 것이므로 흡수 스펙트럼이라고 합니다(그림 2).

흡수 스펙트럼에는 원자와 분자에 흡수되는 전자기파의 파장 대역에 따라 자외가시 흡수 스펙트럼, 적외선 흡수 스펙트럼 등이 있습니다.

3 ▶▶ 원자 판별

전자껍질 간의 에너지 차이 ΔE_n은 원자에 따라 다릅니다. 따라서 스펙트럼을 이용해 검은 선 사이의 에너지 차이를 측정하면 해당 스펙트럼에 맞는 원자의 종류를 판별할 수 있습니다. 이처럼 원자의 에너지 상태를 반영한 스펙트럼은 화학 연구에서 중요한 역할을 한답니다.

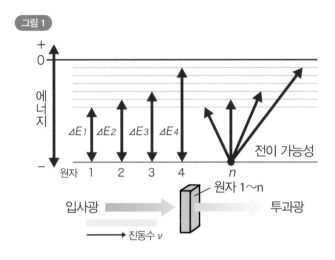

그림 1

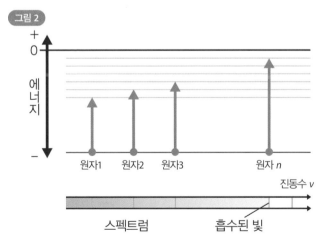

그림 2

우주의 범위

스펙트럼에는 방출 스펙트럼이라는 것도 있습니다.

1 ▶▶ 방출 스펙트럼

에너지 흡수 결과 유발된 들뜬상태는 에너지를 방출해 바닥상태로 돌아옵니다. 이 방출 에너지가 빛이 될 때가 있는데 그 빛을 기록한 것이 바로 방출 스펙트럼입니다.

지구에는 우주의 많은 별로부터 발생한 빛이 도달합니다. 이를 분석하면 수소에서 나온 빛이 섞여 있음을 알 수 있어요. 그런데 그 파장은 지구상의 수소가 내는 빛과 달리 장파장 쪽으로 치우쳐 있습니다. 그 이유는 무엇일까요?

2 ▶▶ 도플러 효과

바로 도플러 효과 때문입니다. 구급차의 사이렌 소리를 들어본 적이 있을 것입니다. 구급차가 다가오는지, 멀어지는지에 따라 소리의 높낮이가 달라지지요. 다가오는 것은 파장이 좁고 짧아져 소리가 높게 들리고(청색 편이) 멀어지는 것은 파장이 늘어나 소리가 낮게 들립니다(적색 편이).

별빛은 장파장에 치우쳐 있으니 적색 편이가 일어난 셈입니다. 빛을 내는 별이 지구에서 멀어지고 있음을 뜻하지요. 도플러 효과는 광원인 별이 지구에서 멀수록 커집니다. 지구에서 먼 별일수록 빠른 속도로 지구에서 더 멀어지고 있다는 말입니다.

3 ▶▶ 우주의 범위

이는 일정 거리만큼 떨어져 있는 별의 이동 속도가 빛의 속도와 같아질

수 있음을 시사합니다. 빛의 속도로 멀어지는 별이 빛을 내면 어떻게 될까요? 그 빛은 발산 지점에 머물러 영원히 우리 눈에 닿지 않겠지요. 우리가 결코 체감할 수 없는 세계, 그것은 더 이상 '이 세상'이 아닐지도 모릅니다. 그러니 관측 가능 여부로 우주의 범위를 정하는 건 어떨까요?

우주는 확장되고 있으며
그 속도는 지구에서
멀수록 빠릅니다. 그것을
'도플러 효과'라고 합니다.

이 세상 | 저 세상

광속

저속

고속

지구

1 어떤 원자의 원자 번호가 Z, 질량수가 A일 때 중성자 수를 구하는 식을 쓰세요.
(   )

2 원자 번호 Z, 질량수 A인 원자가 다음과 같은 핵붕괴를 일으켰을 때, 원자 번호와 질량수는 각각 어떻게 변하는지 쓰세요.
A : α 붕괴 → 원자 번호 (   ), 질량수 (   )
B : β 붕괴 → 원자 번호 (   ), 질량수 (   )
C : γ 붕괴 → 원자 번호 (   ), 질량수 (   )

3 다음 전자껍질의 최대 전자 개수는 몇 개일까요?
A : K 껍질 (   )개 B : L 껍질 (   )개 C : M 껍질 (   )개

4 양자수가 두 배로 높아지면 전자껍질 에너지의 절댓값은 어떻게 되는지 쓰세요.
(   )

5 다음 원자의 L 껍질에는 각각 몇 개의 전자가 있을까요?
A : 리튬 (   ) B : 탄소 (   ) C : 질소 (   )
D : 산소 (   ) E : 불소 (   ) F : 네온 (   )

6 원자를 양이온으로 만들 때 필요한 에너지를 일컫는 말은 무엇인지 쓰세요.
(   )

정답은 216쪽에 있습니다.

제4장

분자의 에너지

분자는 여러 개의 원자가 결합해서 만들어진 구조체입니다. 따라서 분자도 원자처럼 고유한 에너지를 갖습니다. 그것을 내부 에너지 U라고 하며, 대표적인 예로 진동이나 회전 같은 운동 에너지 외에 원자를 결합하는 결합 에너지가 있습니다. 결합에는 이온 결합이나 공유 결합처럼 종류가 매우 다양하고 저마다 고유한 결합 에너지를 갖습니다.

물질을 반영하는 분자

물질을 구성하는 것은 원자와 분자입니다. 물질, 원자, 분자는 서로 어떤 관계일까요?

1 ▶▶ 물질과 분자

1-4에서 보았듯 물을 잘게 나누다 보면 더는 나눌 수 없는 상태의 입자에 도달합니다. 그것이 분자입니다. 분자의 특징은 물질, 여기서는 물의 성질이 남아 있다는 겁니다. 하지만 쪼개는 과정으로 단일 분자가 되는 것은 물이나 설탕 같은 순물질뿐이며 혼합물인 밥이나 커피의 분자는 존재하지 않아요. 분자는 순물질의 종류만큼 있으므로 거의 무한대로 존재합니다.

2 ▶▶ 분자와 원자

그런데 분자는 더 잘게 나눌 수 있습니다. 그 결과 원자를 얻게 됩니다. 물(H_2O)를 쪼개면 수소 원자(H)와 산소 원자(O)로 나뉩니다. 하지만 두 원자에는 물의 성질이 전혀 남아 있지 않습니다.

원자는 무수히 많은 분자를 만드는 원료라 할 수 있습니다. 자연계에 존재하는 원자는 약 90가지로 분자에 비해 한참 적지만, 밀가루와 설탕으로 수십 가지의 과자를 만들 듯 90가지 원자로도 많은 분자를 만들 수 있습니다.

그것을 가능케 하는 것이 원자 간의 결합입니다. 몇 가지 원자가 결합하여 하나의 분자를 형성하는데, 그 조합의 종류는 무수히 많습니다.

3 ▶▶ 분자와 분자

결합은 원자와 원자 간에만 이루어지는 게 아닙니다. 분자 간 힘에 의해 분자 간에도 이루어집니다. 예를 들어 물 분자 사이에는 수소 결합이라는 분자 간 힘이 작용합니다. 그 결과 회합이라는 거대한 집단이 형성되는데 그것이 물의 특수성에 큰 영향을 준다는 사실이 밝혀졌습니다.

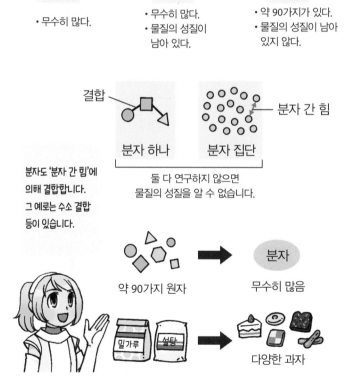

순물질 ➡ 분자 ➡ 원자

• 무수히 많다.

• 무수히 많다.
• 물질의 성질이 남아 있다.

• 약 90가지가 있다.
• 물질의 성질이 남아 있지 않다.

결합

분자 하나   분자 집단

분자 간 힘

분자도 '분자 간 힘'에 의해 결합합니다. 그 예로는 수소 결합 등이 있습니다.

둘 다 연구하지 않으면 물질의 성질을 알 수 없습니다.

약 90가지 원자 ➡ 분자 무수히 많음

밀가루 설탕 ➡ 다양한 과자

결합의 종류

원자를 조직하여 분자로 만드는 것을 화학 결합이라고 합니다. 화학 결합은 분자를 이루는 힘이자 에너지라 할 수 있어요.

1 ▶▶ 결합의 특색

화학 결합은 중력이나 전자기력처럼 두 물질 사이에 작용하는 인력이자 에너지입니다. 그런데 화학 결합에는 중력이나 인력과 다른 특징이 있습니다. 강한 에너지라는 것, 그리고 물질 간의 거리가 멀어지면 급격히 약해진다는 것입니다.

2 ▶▶ 원자 간에 작용하는 결합

화학 결합에는 여러 종류가 있습니다. 대표적인 것을 오른쪽에 표로 정리했습니다. 결합은 크게 원자 간에 작용하는 것과 분자 간에 작용하는 것으로 나눌 수 있어요.

원자 간에 작용하는 결합은 일반적으로 화학 결합이라 불리는 것입니다. 그중에서도 이온 결합은 전하 간에 정전기적 인력으로 형성된 것으로 이 인력을 쿨롱의 힘이라 하고, 이 힘에 상당하는 에너지를 쿨롱 에너지라 합니다. 금속 결합도 금속 이온의 양전하와 전자의 음전하 간에 작용하는 인력으로 보면 됩니다.

그런데 공유 결합은 좀 달라요. 전자구름이라는 전자를 매개로 하기 때문입니다. 앞에서 살펴본 화학 결합의 특징 대부분이 공유 결합에 해당합니다. 공유 결합은 꽤 복잡한 결합이므로 나중에 자세히 살펴볼 것입니다.

3 ▶▶ 분자 간에 작용하는 결합

현대 화학에서 중시되는 것은 분자 간에 작용하는 결합입니다. 하지만 이 에너지는 원자 간에 작용하는 것보다 작아서 보통 분자 간 힘으로 불려요. 분자간 힘은 두 가닥의 DNA 분자 사슬을 엮어 이중나선 구조로 만들거나 효소 반응에서 효소와 기질을 결합하는 등 생명을 유지하는 데 아주 중요한 역할을 합니다.

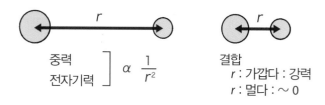

$$\left.\begin{array}{l}\text{중력}\\\text{전자기력}\end{array}\right\rbrack \quad \alpha \quad \frac{1}{r^2}$$

결합
r : 가깝다 : 강력
r : 멀다 : ~ 0

결합에는 '이온 결합', '금속 결합', '공유 결합' 등이 있습니다.

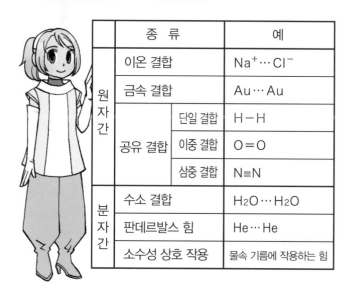

	종 류		예
원자 간	이온 결합		$Na^+ \cdots Cl^-$
	금속 결합		$Au \cdots Au$
	공유 결합	단일 결합	$H-H$
		이중 결합	$O=O$
		삼중 결합	$N\equiv N$
분자 간	수소 결합		$H_2O \cdots H_2O$
	판데르발스 힘		$He \cdots He$
	소수성 상호 작용		물속 기름에 작용하는 힘

이온 결합과 금속 결합의 에너지

이온 결합의 본질은 양이온과 음이온 간의 전자기력으로 이를 쿨롱 에너지라고 합니다. 금속 결합도 금속 이온과 자유 전자 간의 쿨롱 에너지에 의한 것으로 볼 수 있습니다.

1 ▶▶ 이온 결합의 특색

그림 1은 이온 결합에서 음이온과 양이온의 관계를 나타낸 것입니다. 음이온 주위에 양이온이 몇 개 있든 거리만 같으면 둘은 같은 에너지로 결합하며 이를 불포화성이라고 합니다. 심지어 방향도 상관없습니다. 이 불포화성과 무방향성은 뒤에서 살펴볼 공유 결합과 가장 큰 차이점입니다.

그림 2는 이온 결합의 대표적인 화합물 염화 나트륨($NaCl$)의 결정 구조입니다. 여기에는 두 개의 원자로 이루어진 분자라고 할 만한 단위 입자가 존재하지 않습니다. 엄밀히 말해 염화 나트륨은 $Na_\infty Cl_\infty$의 집합으로 $(NaCl)_\infty$라고 할 수 있지요. 일반적으로 염화 나트륨 분자로 불리는 것은 마치 염화 나트륨의 최대공약수와 같은 가상의 개념이라고 해도 무방합니다.

이온 결합물의 결정격자를 움직이면 양이온과 양이온이 만나 반발 에너지가 발생합니다(그림 3). 그래서 이온 결정은 염화 나트륨처럼 단단한 것이 많습니다.

2 ▶▶ 금속 결합

금속 결합으로 형성된 금속 원자 M은 '원자가 전자'(최외각에 있는 n개의 전자)를 방출함으로써 금속 이온 M^{n+}가 됩니다. 이때 방출된 원자가 전자는 자유 전자로 불립니다.

금속 결정에는 금속 양이온이 차곡차곡 쌓여 있고, 그사이를 자유 전자가 채웁니다(그림 4). 그 결과 금속 이온의 양전하와 자유 전자의 음전하 사이에 쿨롱 인력이 발생하지요. 이것이 금속 결합입니다. 수조에 채운 나무 공(금속 이온) 사이로 본드(자유 전자)를 흘려 넣는다고 생각해 보세요. 금속 결합이 무엇인지 조금은 알 수 있을 것입니다.

이온 결합과 달리 금속 결합은 결정격자를 움직여도 자유 전자가 완충재 역할을 하므로 이온 간의 반발은 일어나지 않습니다(그림 5). 이로써 금속 의 유연성을 설명할 수 있습니다.

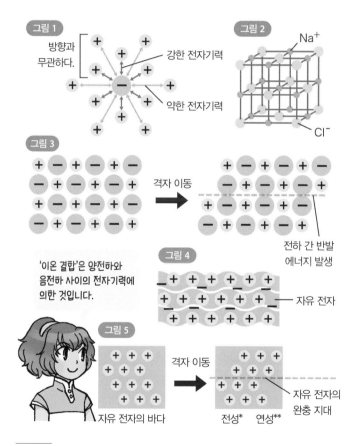

그림 1
방향과 무관하다.
강한 전자기력
약한 전자기력

그림 2
Na^+
Cl^-

그림 3
격자 이동
전하 간 반발 에너지 발생

'이온 결합'은 양전하와 음전하 사이의 전자기력에 의한 것입니다.

그림 4
자유 전자

그림 5
자유 전자의 바다
격자 이동
전성* 연성**
자유 전자의 완충 지대

---

* 전성展性: 두드리거나 압착하면 얇게 펴지는 성질

** 연성延性: 탄성 한계 이상의 힘에도 부서지지 않고 가늘고 길게 늘어나는 성질

원자 진동과 전도도

금속의 중요한 성질 중 하나는 바로 전기 전도성입니다. 전기 전도성은 온도가 낮아지면 증가한다고 알려져 있습니다. 그렇다면 이 성질은 금속 결합과 어떤 관계가 있을까요?

1 ▶▶ 전자와 전류

전류란 전기의 흐름입니다. 전기와 화학은 다소 이질적인 조합처럼 보이지만 사실은 서로 밀접한 관련이 있습니다. 전기의 본질은 화학 현상 그 자체지요.

전류가 전자의 이동이라는 것은 명백한 사실입니다. 다만 전자가 A에서 B로 이동했을 경우 전류는 B에서 A로 흘렀다고 말합니다. 하지만 이는 본질과 무관합니다. 전자가 발견되기 전 전류가 흐르는 방향을 결정해 버린 탓에 지금도 그것을 그대로 사용하고 있는 것뿐입니다.

2 ▶▶ 원자의 진동 에너지와 전도도

전류는 전자의 이동이므로 전자가 이동하기 쉬우면 전기 전도도가 높아집니다(그림 1). 반면 전자가 이동하기 힘들면 전기 전도도가 낮아지지요(그림 2). 금속은 차곡차곡 쌓인 금속 이온 사이에 자유 전자가 채워진 것이므로 금속의 전도성은 자유 전자의 이동성에 따라 달라집니다. 예를 들어볼까요?

자유 전자를 학교 선생님이라 하고 책상에 앉은 아이들(금속 이온) 사이를 돌고 있다고 가정하겠습니다. 아이들이 얌전하게 있으면 선생님은 순조롭게 이동할 수 있습니다. 즉 전도도가 높아지지요. 하지만 아이들이 손을 내밀거나 발을 내밀고 바짓가랑이까지 잡아당기면 전도도는 낮아집니다(그림 3).

이때 아이들의 행동은 금속 이온의 진동 운동을 의미합니다. 온도가 높아질수록 운동 에너지가 커지고 진동은 심해지지요. 반대로 온도가 낮아질수록 운동 에너지가 작아지고 진동이 약해져 특정 온도 이하에서는 금속의 전도도가 무한대, 즉 초전도 상태가 됩니다(그림 4).

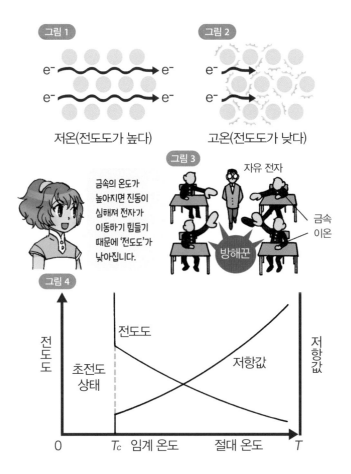

그림 1

e^- ⟶ e^-
e^- ⟶ e^-

저온(전도도가 높다)

그림 2

e^- ⟶
e^- ⟶

고온(전도도가 낮다)

그림 3

금속의 온도가 높아지면 진동이 심해져 전자가 이동하기 힘들기 때문에 '전도'가 낮아집니다.

자유 전자

방해꾼

금속 이온

그림 4

전도도

초전도 상태

전도도

저항값

저항값

0   T_c 임계 온도   절대 온도 T

공유 결합 에너지

공유 결합은 간단히 말하자면 결합하는 두 원자가 서로 한 개씩 전자를 내고, 그 전자를 공유함으로써 일어나는 결합이라고 할 수 있습니다. 하지만 그 내용은 상당히 복잡합니다.

1 ▶▶ 수소 분자의 전자 상태

공유 결합으로 결합한 분자 중에서 가장 간단한 것이 수소 분자입니다. 지금부터 수소 분자의 결합을 통해 공유 결합이 무엇인지 살펴보고자 합니다.

3-6에서 수소 원자는 K 껍질에 전자 한 개를 갖고 있다고 했습니다. 전자는 꽤 사람 같은 면이 있어서 홀로 고독을 즐기는 전자가 있는가 하면, 짝을 이루고자 하는 전자도 있습니다. 그런데 수소 원자의 전자는 '혼자'이므로 짝이 이룰 방법이 없습니다. 이처럼 고독한 전자를 홀전자라고 합니다. 반면 짝을 이룬 전자를 전자쌍이라고 합니다.

2 ▶▶ 수소 분자 생성

두 개의 수소 원자가 가까워지면 서로의 전자껍질이 포개집니다. 더 가까워지면 별안간 전자껍질이 사라지고 두 개의 수소 원자핵을 에워싼 새로운 전자껍질이 생깁니다. 이를 일반적으로 분자 궤도(Molecular Orbital, MO)라고 합니다(그림 1). 마치 두 개의 작은 비눗방울이 합쳐져 큰 비눗방울이 되는 모습과 비슷하다고나 할까요.

그 결과 각 원자에서 하나씩, 총 두 개의 전자가 분자 궤도에 들어가게 됩니다. 그 전자를 결합 전자(결합 전자구름)라고 합니다. 그림 4는 결합 전자가 분자의 어디에 존재하는지 나타낸 것으로 원자핵 사이에 많음을 알 수 있습니다. 그 결과 양전하를 띠는 원자핵과 음전하를 띠는 전자 사이에 쿨롱 에너지가 발생합니다.

　이것이 공유 결합을 설명하는 가장 쉬운 방법입니다. 마치 애정이 식은 부부(원자핵)가 자식(전자) 때문에 결혼 생활을 유지하는 것 같습니다.

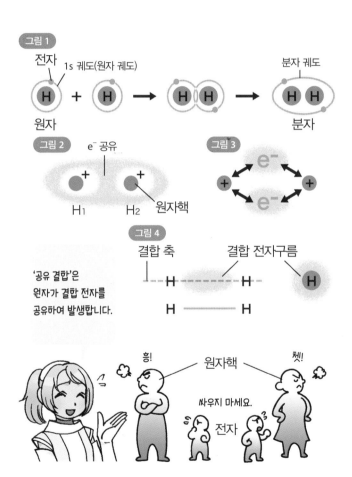

결합성 궤도와 반결합성 궤도

앞서 우리는 공유 결합의 개요에 대해 살펴보았습니다. 이번에는 공유 결합의 에너지에 대해 자세히 알아보고자 합니다.

1 ▶▶ 결합성 궤도

오른쪽 그림은 수소 원자 간 거리와 에너지의 관계를 나타낸 것입니다. 가로축은 원자 간 거리 r이며 세로축은 에너지를 의미하지요. 수소 원자 한 개의 K껍질 에너지는 α로 표기했습니다. 3-5에서 보았듯이 에너지 기준($E=0$)은 자유 전자의 에너지이며, α는 마이너스 값($\alpha < 0$)을 가집니다. 따라서 그래프의 아래로 갈수록 에너지가 낮고 안정적이지요.

먼저 '결합성 궤도'라고 표시된 곡선을 오른쪽부터 따라가 봅시다. 원자가 가까워질수록 계(두 개의 원자)는 안정화되고 에너지는 낮아지는 것을 볼 수 있지요? 그런데 너무 가까워지면 원자핵의 양전하 간에 반발이 일어나 불안정해집니다. 그로 인해 그래프에 더 줄어들 수 없는 지점인 극소점이 생깁니다.

그 에너지의 극소 상태가 수소 분자의 상태를 의미하며 그때의 원자 간 거리 r_0를 결합 거리라 해요. 극소 상태의 에너지는 $\alpha+\beta$로 나타내고 β 역시 마이너스 값($\beta < 0$)을 가집니다. 즉 에너지 α는 β만큼 안정화한 셈입니다.

2 ▶▶ 반결합성 궤도

이번에는 '반결합성 궤도'라고 쓰인 곡선을 보세요. 원자 간 거리가 감소함에 따라 한없이 상승하는 것을 볼 수 있습니다. 이 상황에서 계는 불안정해질 뿐입니다. 수소 원자가 결합해 분자가 되는 것을 방해하는 것처럼 보이기도 하지요. 이 궤도를 반결합성 궤도라고 부릅니다.

결합 거리에서 반결합성 궤도의 에너지는 $\alpha - \beta$입니다. 즉 결합성 궤도의 에너지가 α에서 β만큼 안정화한 것과 달리 반결합성 궤도는 β만큼 불안정해진 것입니다.

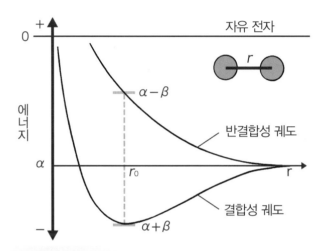

결합하면 안정화하는 궤도를 '결합성 궤도', 불안정화하는 궤도를 '반결합성 궤도'라고 합니다.

결합성

반결합성

궤도 에너지와 결합 에너지

원자가 가까워져 발생한 결합성 궤도와 반결합성 궤도는 모두 분자 궤도의 일종입니다. 이 에너지를 이용하면 분자의 결합 에너지를 구할 수 있습니다.

1 ▶▶ 전자 배치

결합성 궤도, 반결합성 궤도는 모두 분자 궤도의 일종입니다. 그러므로 4-5에서 다루었듯 두 개의 수소 원자가 갖고 있던 총 두 개의 전자는 이 분자 궤도에 들어갑니다.

오른쪽 그림은 결합 거리, 즉 분자 상태에서의 분자 궤도 에너지를 나타낸 것입니다. 양 끝의 $E=\alpha$는 수소 원자의 전자껍질 에너지이며 가운데는 결합성 궤도와 반결합성 궤도의 에너지를 의미합니다.

분자의 전자가 분자 궤도에 들어갈 때의 규칙은 원자의 전자가 전자껍질에 들어갈 때와 비슷합니다.

> ① 에너지가 낮은 궤도부터 순서대로 들어간다.
> ② 한 개의 궤도에 들어갈 수 있는 전자는 최대 두 개다.

오른쪽 그림에서는 이 규칙에 따라 전자가 들어가 있습니다. 즉 원자 상태에서는 $E=\alpha$ 궤도에 하나씩 있던 전자가 결합 상태에서는 둘 다 결합성 궤도 안에 있는 것을 볼 수 있습니다.

2 ▶▶ 결합 에너지

이번에는 원자 상태와 분자 상태의 전자 에너지를 비교해 봅시다. 원자일 때 전자 한 개의 에너지는 α이므로 두 개의 에너지는 2α입니다. 반면 분자일 때 전자 한 개의 에너지는 결합성 궤도 에너지인 $\alpha+\beta$이므로 두 개의 에너지는 $2(\alpha+\beta)$입니다. 따라서 에너지 차이는 2β가 됩니다.

에너지 차이 2β는 무엇을 의미할까요? 이는 계가 두 개의 원자에서 분자 상태로 변화함에 따라 안정화한 에너지, 즉 결합 에너지를 말합니다. 이때 분자 궤도법에 따라 결합 에너지를 β 단위로 나타낼 수 있는데, β가 클수록 안정되고 강한 결합입니다.

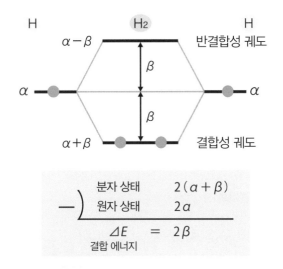

두 원자가 결합해서 안정화한 만큼의 에너지를 '결합 에너지'라고 합니다.

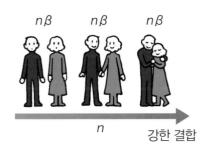

헬륨 분자의 결합 에너지

헬륨은 분자를 이루지 않습니다. 왜일까요?

1 ▶▶ 헬륨 분자의 궤도 에너지

헬륨(He)은 분자(He_2)를 형성하지 않습니다. 존재할 수 없는 헬륨 분자의 결합 에너지를 구하는 것은 이상하게 보이겠지만, '만약 헬륨 분자가 생성된다면'이라는 가정하에 결합 에너지를 구할 것입니다.

오른쪽 그림은 가상의 헬륨 분자 궤도 에너지를 나타낸 것입니다. 수소 분자 때와 완전히 똑같습니다. 그런데 사실 여기서의 'α'는 '헬륨 원자의 α'이므로 앞에서 본 수소 원자의 'α'와 미묘하게 값이 다릅니다. 물론 β 값도 다르지요. 하지만 그런 사소한 차이는 결과에 영향을 미치지 않습니다.

2 ▶▶ 헬륨 분자의 전자 배치

이 궤도에 전자를 넣어 봅시다. 헬륨 원자는 두 개의 전자를 갖고 있습니다. 그러므로 분자 궤도에 들어가는 전자는 총 네 개입니다. 알다시피 하나의 분자 궤도에는 전자가 최대 두 개까지만 들어갈 수 있습니다. 따라서 두 개는 결합성 궤도에 들어갈 수 있지만, 나머지 두 개는 반결합성 궤도에 들어가야 합니다.

3 ▶▶ 헬륨 분자의 결합 에너지

이제 헬륨 분자의 결합 에너지를 구해 볼까요? $\alpha+\beta$ 궤도에 두 개, $\alpha-\beta$ 궤도에 두 개이므로 분자 상태의 전자 에너지는 총 4α입니다. 물론 원자 상태에서도 4α입니다. 그러므로 결합 에너지는 0으로 결합 에너지가 없는 셈입니다.

결합 에너지 없이는 분자가 만들어지지 않습니다. 헬륨 원자는 가까워지면 전자구름의 반발, 그리고 원자핵의 반발이 일어나 한없이 불안정해집니다. 이처럼 분자의 형성 여부도 결합 에너지를 계산하면 알 수 있습니다.

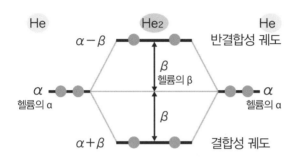

$$2(\alpha+\beta)+2(\alpha-\beta)=4\alpha$$

분자 상태

원자 상태 4α

$\Delta E = 0$

결합 에너지

분자종 에너지

분자와 이온을 통틀어 분자종이라고 합니다. 몇 가지 분자종의 결합 에너지를 구해 봅시다.

1 ▶▶ 수소 분자 이온의 에너지

수소 분자는 두 개의 전자를 가지고 있습니다. 이 전자가 늘고 줄어듦에 따라 전자의 수가 다른 상태인 수소 분자 이온이 됩니다.

▶A   수소 분자 양이온 H_2^+

수소 분자에서 전자 한 개를 빼면 분자종의 전하는 어떻게 될까요? 원자핵의 전하는 각각 +1, 전자의 전하는 각각 −1이므로 전자 한 개가 빠지면 분자종의 전하는 +1이 됩니다. 이것을 수소 분자 양이온이라고 합니다.

그림 1은 수소 분자 양이온의 전자 배치와 그를 바탕으로 계산한 결합 에너지입니다. 결합 에너지는 β로, 원래 수소 분자의 절반입니다. 그러므로 정리하면 다음과 같습니다.

> ① 결합 에너지가 있으므로 이 분자종은 존재할 수 있다.
> ② 결합 에너지가 수소 분자의 절반이므로 수소 분자보다 결합이 약하고 불안정하다.
> ③ 결합이 약하므로 결합 거리는 길어졌다.

▶B   수소 분자 음이온 H_2^-

수소 분자에 전자 한 개를 더하면 전자의 수는 세 개가 되고 분자종의 전하는 −1이 됩니다. 이것을 수소 분자 음이온이라고 합니다. 그 전자 배치와 결합 에너지를 나타낸 것이 그림 2입니다.

헬륨 분자 때와 마찬가지로 전자 하나는 반결합성 궤도로 들어가기 때문에 결합 에너지가 작아져 β가 됩니다. 즉 결합 상태는 양이온과 같습니다.

2 ▶▶ 헬륨 분자 양이온 He_2^+의 에너지

헬륨 분자에서 전자 하나를 떼면 헬륨 분자 양이온이 됩니다. 그림 3은 그 분자종의 전자 배치와 결합 에너지를 나타낸 것인데 수소 음이온과 동일한 것을 알 수 있지요. 즉 헬륨 분자는 존재할 수 없지만 그 양이온은 존재할 수 있습니다.

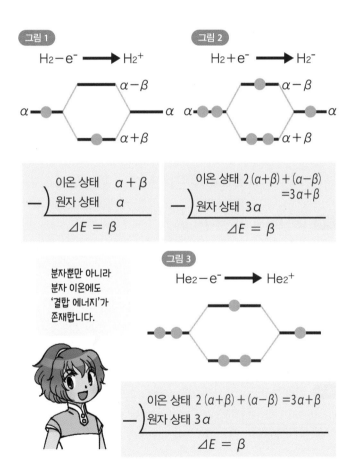

그림 1

$$H_2 - e^- \longrightarrow H_2^+$$

$$\alpha - \beta$$
$$\alpha \qquad \alpha$$
$$\alpha + \beta$$

$$-\Big) \begin{array}{ll} \text{이온 상태} & \alpha + \beta \\ \text{원자 상태} & \alpha \end{array}$$
$$\Delta E = \beta$$

그림 2

$$H_2 + e^- \longrightarrow H_2^-$$

$$\alpha - \beta$$
$$\alpha \qquad \alpha$$
$$\alpha + \beta$$

$$-\Big) \begin{array}{l} \text{이온 상태 } 2(\alpha+\beta)+(\alpha-\beta) \\ \qquad\qquad\qquad = 3\alpha + \beta \\ \text{원자 상태 } 3\alpha \end{array}$$
$$\Delta E = \beta$$

분자뿐만 아니라
분자 이온에도
'결합 에너지'가
존재합니다.

그림 3

$$He_2 - e^- \longrightarrow He_2^+$$

$$-\Big) \begin{array}{l} \text{이온 상태 } 2(\alpha+\beta)+(\alpha-\beta)=3\alpha+\beta \\ \text{원자 상태 } 3\alpha \end{array}$$
$$\Delta E = \beta$$

들뜬상태의 에너지

고에너지인 분자를 들뜬상태의 분자라고 합니다. 들뜬상태의 에너지 구조는 과연 어떨까요?

1 ▶▶ 들뜬상태의 전자 배치

분자는 적당한 에너지를 얻으면 고에너지의 들뜬상태가 됩니다. 들뜬상태란 정확히 어떤 것일까요?

수소 분자에 고에너지(2β)의 빛을 비춘다고 가정해 보세요. 그 에너지를 받는 것은 결합성 궤도 안의 전자입니다. 전자는 받은 에너지(2β)를 이용해 상위 궤도인 반결합성 궤도로 전이하고 그 결과 그림 1과 같은 전자 배치가 나타납니다. 이것이 바로 들뜬상태입니다.

2 ▶▶ 들뜬상태의 결합 에너지

들뜬상태의 결합 에너지를 계산해 볼까요? $\alpha+\beta$와 $\alpha-\beta$ 궤도에 전자가 하나씩 있으므로 분자종의 결합 에너지는 총 2α입니다. 원자 상태에서도 2α이므로 결합 에너지는 결국 0이지요.

헬륨 분자와 마찬가지인 것을 눈치챘나요? 다시 말해 수소 분자는 들뜬상태가 되면 결합 에너지가 사라지고, 분자가 분해되어 원자가 되고 맙니다.

3 ▶▶ 빛과 분자

수소 분자의 결합 에너지(2β)는 큽니다. 그만한 에너지를 가진 빛(전자파)은 파장이 짧은 자외선에 해당하는데, 자외선은 오존층에 대부분 흡수되어 지표면에는 거의 존재하지 않습니다. 따라서 지표면의 수소 분자가 자연광에 분해될 일은 없습니다. 하지만 유기물의 결합은 대체로 수소의 결합보다 약해서 지표면의 자외선에도 분해됩니다(그림 2). 이로 인해 빛바램이나 빛 분해 등 빛에 의한 여러 현상이 나타납니다.

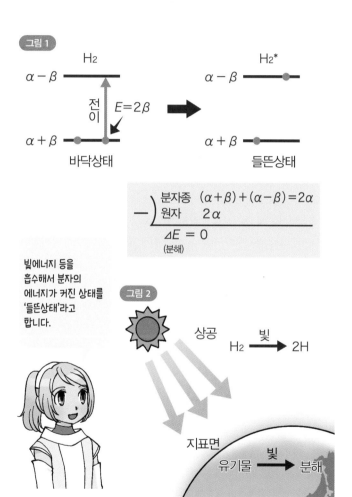

그림 1

H_2

$\alpha - \beta$ ────

전이 $E = 2\beta$

$\alpha + \beta$ ────

바닥상태

H_2^*

$\alpha - \beta$ ──●─

$\alpha + \beta$ ●──

들뜬상태

$$\left.\begin{array}{l} \text{분자종} \quad (\alpha+\beta)+(\alpha-\beta)=2\alpha \\ \text{원자} \quad 2\alpha \end{array}\right.$$

$\Delta E = 0$
(분해)

빛에너지 등을 흡수해서 분자의 에너지가 커진 상태를 '들뜬상태'라고 합니다.

그림 2

상공

$H_2 \xrightarrow{\text{빛}} 2H$

지표면

유기물 $\xrightarrow{\text{빛}}$ 분해

분자 간 힘의 에너지

분자 간에 작용하는 인력을 분자 간 힘이라고 합니다. 분자 간 힘의 대표적인 예를 살펴볼까요?

1 ▶▶ 수소 결합

3-6이나 4-7의 전자 배치 규칙에서 살펴보았듯 전자는 에너지가 낮은 전자껍질에 들어가려고 합니다. 따라서 전자껍질의 에너지가 낮은 원자는 높은 원자보다 전자를 끌어당기는 경향이 강합니다(그림 1). 그 때문에 원자마다 전자를 끌어당기는 힘이 다릅니다.

산소는 전자를 끌어당기는 힘이 크고 수소는 작습니다. 그 결과 물의 O-H 결합에서 결합 전자구름은 산소 쪽으로 치우치지요. 그 때문에 산소는 전자 과잉으로 음전하를 띠고, 수소는 전자 부족으로 양전하를 띱니다(그림 2).

그리하여 어느 물 분자의 양전하를 띤 수소와 다른 물 분자의 음전하를 띤 산소 간에 쿨롱 에너지가 발생하고 분자 간에 수소 결합이 일어납니다(그림 3). 액체 상태의 물에서는 많은 물 분자가 수소 결합하여 집단을 이루는데 이를 회합체 또는 클러스터라고 합니다.

2 ▶▶ 소수성 상호 작용

설탕은 물에 녹지만 버터는 물에 녹지 않습니다. 이렇게 물에 녹는 것을 친수성 분자, 녹지 않는 것을 소수성 분자라고 합니다. 기름은 전형적인 소수성 분자에요.

기름을 물에 넣으면 어떻게 되는지 이미 알고 있을 것입니다. 기름은 물과 접촉하는 것을 싫어하기 때문에 무리를 이룹니다. 그러면 바깥쪽의 기름 분자는 희생되어 물에 닿지만, 무리 내부의 분자는 물과 격리됩니다.

기름이 이룬 집단은 많은 물에 밀려 분자의 간격이 점점 좁아집니다. 이 것을 일종의 인력이 작용한 것으로 보고 소수성 상호 작용이라고 부릅니다 (그림 4). 단, 기름 분자가 자발적으로 서로를 끌어당기는 것이 아니라 그저 타의에 의해 억지로 마이너스 에너지를 발산하는 것뿐이에요.

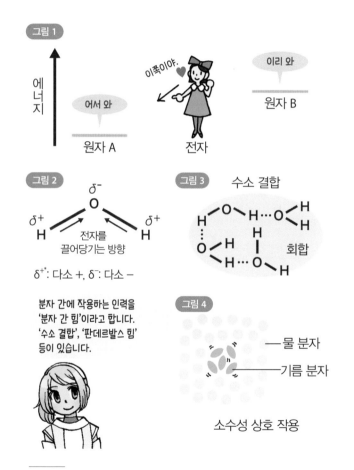

그림 1

에너지

어서 와 원자 A

이쪽이야. 전자

이리 와 원자 B

그림 2

δ^- O

δ^+ H

δ^+ H

전자를 끌어당기는 방향

δ^+: 다소 +, δ^-: 다소 −

분자 간에 작용하는 인력을 '분자 간 힘'이라고 합니다. '수소 결합', '판데르발스 힘' 등이 있습니다.

그림 3 수소 결합

H O H···O H H H O H H O H H O H···O H 회합

그림 4

—— 물 분자

—— 기름 분자

소수성 상호 작용

---

* 결합 쌍극자 모멘트

4-12

결합에 의한 에너지 차이

지금까지 여러 가지 결합을 살펴보았습니다. 마지막으로 이 결합의 에너지가 어떤 관계가 있는지 알아봅시다.

1 ▶▶ 공유 결합의 종류

공유 결합은 대표적인 화학 결합입니다. 공유 결합에는 다른 결합에는 없는 특징이 있다고 했지요?

> ① 각 원자가 이룰 수 있는 공유 결합의 개수는 정해져 있다.
> ② 결합 방향이 정해져 있다.

①에 따르면 수소는 한 개, 산소는 두 개, 질소는 세 개, 탄소는 네 개까지 공유 결합을 이룰 수 있습니다. 다시 말해 수소끼리는 한 개의 전자쌍으로 결합하지만, 산소끼리는 두 개, 질소끼리는 세 개의 전자쌍을 공유하여 결합합니다. 이것을 각각 단일 결합, 이중 결합, 삼중 결합이라고 불러요.

2 ▶▶ 결합 에너지

오른쪽 자료는 결합 에너지를 결합의 종류별로 정리한 것입니다. 그중 공유 결합 부분을 살펴봅시다. 결합에 따라 차이는 있지만 보통 단일 결합 < 이중 결합 < 삼중 결합 순서로 고에너지(안정적)임을 알 수 있습니다. 이 것은 공유 결합 수가 많을수록 결합이 강해지고 에너지가 커진다는 뜻입니다.

결합의 종류에 따른 에너지 차이는 분자 간 힘 < 단일 결합 < 이온 결합 < 이중 결합 < 삼중 결합의 순서로 나타납니다. 분자 간 힘은 에너지가 매

우 작아요. 그래서 결합이라고 하지 않고 분자 간 힘이라고 하지만 아주 중요한 결합이랍니다. 이온 결합은 양이온이 되기 쉬운 원자(Li > Na)와 음이온이 되기 쉬운 원자(F > Cl > Br > I) 간에 강하게 발생합니다. 이것은 각각이 양이온 또는 음이온이 되기 쉬운 만큼, 어찌 보면 아주 당연한 일입니다.

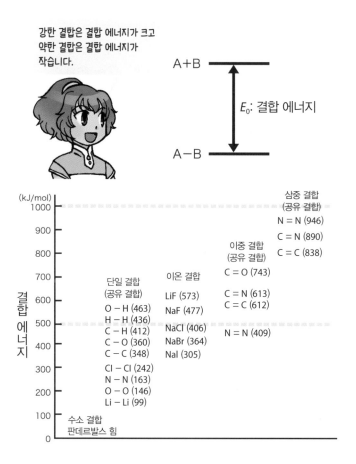

강한 결합은 결합 에너지가 크고 약한 결합은 결합 에너지가 작습니다.

A+B

E_0: 결합 에너지

A−B

(kJ/mol)

결합 에너지

			삼중 결합 (공유 결합) N = N (946) C = N (890) C = C (838)
		이중 결합 (공유 결합) C = O (743)	
단일 결합 (공유 결합)	이온 결합	C = N (613) C = C (612)	
O − H (463) H − H (436) C − H (412) C − O (360) C − C (348)	LiF (573) NaF (477) NaCl (406) NaBr (364) NaI (305)	N = N (409)	
Cl − Cl (242) N − N (163) O − O (146) Li − Li (99)			
수소 결합 판데르발스 힘			

1 다음 문장에는 한 군데씩 틀린 부분이 있습니다. 틀린 부분을 찾아 바르게 고치세요.

A : 분자의 종류는 무수히 많지만, 원자의 종류는 500가지 정도이다.

B : 이온 결합은 중성원자 간에 작용하는 전자기력이다.

C : 금속 결합은 결합 전자구름에 의한 결합이다.

D : 금속을 달구면 원자의 진동이 멈춰 전기 전도도가 커진다.

E : 공유 결합은 비공유 전자쌍의 공유로 이루어지는 결합이다.

F : 결합성 궤도는 계의 에너지를 높여 분자를 이루는 궤도다.

G : 전자가 분자 궤도에 들어갈 때는 에너지가 높은 궤도부터 차례로 들어간다.

H : 헬륨 분자는 반응 에너지가 생기지 않아 결합할 수 없다.

I : 수소 분자 양이온의 결합 에너지는 중성인 수소 분자보다 크다.

J : 분자에 빛이 닿으면 분자의 원자핵이 빛에너지를 받아 바닥상태가 된다.

K : 분자 간에 일어나는 결합은 원자 간에 일어나는 결합보다 강하다.

L : 공유 결합의 결합 에너지를 큰 순서대로 나열하면 단일 결합>이중 결합>삼중 결합이다.

정답은 216쪽에
있습니다.

제5장

반응 에너지

하나의 분자는 화학 반응으로 다른 분자로 변화합니다. 분자는 고유한 내부 에너지를 가지고 있습니다. 따라서 화학 반응을 통해 분자가 변화하면 에너지도 함께 변하지요. 그리고 그 변화량은 외부로 방출되거나 내부로 흡수됩니다. 이와 같은 에너지 변화를 반응 에너지라 하며 대표적인 예로 연소열이 있습니다.

화학 반응과 에너지

화학 반응이란 분자나 원자가 상호 작용하여 다른 분자로 변하는 현상을 말합니다. 화학 반응에는 물질 변화와 에너지 변화 두 가지 측면이 있습니다.

1 ▶▶ 화학 반응의 물질적 측면

화학 반응은 여러 화학 현상 중에서 가장 중요한 반응입니다. 화학자는 화학 반응을 일으켜 그때까지 우주에 존재하지 않던 물질을 합성하여 인간의 행복에 이바지해 왔습니다.

지구라는 이 작은 구 위에서 60억이 넘는 인간이 배고픔을 달랠 수 있는 것은 화학이 개발 · 합성한 화학 비료나 살충제 덕분이고, 추위를 이길 수 있는 것도 다 화학이 개발한 합성 섬유의 덕분이에요. 화학 반응의 중요성은 바로 물질 변환에 있습니다.

2 ▶▶ 화학 반응의 에너지 측면

그런데 화학 반응에는 물질 변환과 함께 에너지 출입이라는 측면도 있습니다.

인간을 사랑한 신 프로메테우스가 불을 훔쳐 인간에게 주었다는 그리스 신화에 대해 들어본 적이 있지요? 그는 불을 훔친 죄로 독수리에게 매일 같이 간을 쪼이는 형벌을 받게 되었습니다.

불은 연소라는 화학 반응에 따른 에너지가 열과 빛이 되어 나타난 것으로 반응 에너지의 일종입니다. 여름 더위를 누그러뜨리는 에어컨의 냉기도 액체가 기화할 때의 기화열을 이용한 것입니다. 이것 역시 상태 변화라는 화학 현상에 따른 반응열의 일종으로 볼 수 있어요.

이처럼 화학 반응에는 분자의 변화나 소멸, 생성이라는 물질 변환 외에도 에너지가 출입한다는 특징이 있습니다.

제5장에서는 화학 반응의 에너지에 대해 중점적으로 살펴보겠습니다.

내부 에너지

분자는 에너지 덩어리 같은 존재라 할 수 있습니다. 분자가 가진 에너지를 내부 에너지라고 하는데, 반응에 따른 이 내부 에너지의 변화가 반응 에너지로 나타납니다.

1 ▶▶ 분자 에너지

우리는 음식을 먹고 그 산화 반응에 따른 에너지를 사용해 생명 활동을 합니다. 에너지는 관절 운동이나 두뇌 운동, 자율 운동이나 타율 운동 등 다양한 운동과 동작에 쓰이지요.

분자도 마찬가지입니다. 분자 안에는 다양한 에너지가 담겨 있습니다. 우선 중심을 이동시키는 병진 에너지가 있고, 원자 간 거리를 변화시키는 신축 진동 에너지가 있으며, 결합각을 변화시키는 굽힘 진동 에너지가 있습니다. 그뿐만이 아니라 원자를 결합시키는 결합 에너지도 있지요.

한편 분자를 구성하는 원자도 에너지를 가지고 있습니다. 먼저 전자 에너지가 있으며, 또 양성자와 중성자 같은 핵자 사이에 작용하는 결합 에너지도 있습니다. 핵자는 더 작은 소립자로 되어 있는데, 소립자 간에도 결합 에너지가 있습니다(그림 1).

이처럼 분자의 에너지는 과학이 발전함에 따라 종류가 늘어났고, 그 총량은 전부 헤아릴 수 없습니다.

2 ▶▶ 내부 에너지

분자의 총에너지에서 중심 이동에 쓰이는 병진 운동 에너지를 제외한 것을 내부 에너지 U라고 합니다. 당연히 내부 에너지의 총량을 구하는 일은 불가능합니다.

하지만 전혀 문제 될 것이 없어요. 화학에서 중요한 것은 내부 에너지의 총량 U가 아니라 반응에 따른 내부 에너지의 변화량 ΔU입니다(그림 2). 이 변화량을 실험적으로 구하는 일은 결코 어렵지 않습니다. 화학 반응에 따른 반응열 등의 반응 에너지는 내부 에너지가 변화했다는 증거이기 때문이지요.

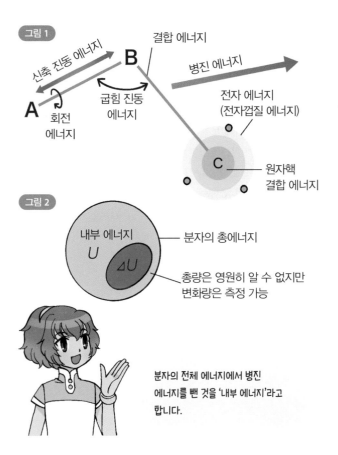

그림 1

신축 진동 에너지

결합 에너지

B

병진 에너지

A

회전 에너지

굽힘 진동 에너지

전자 에너지 (전자껍질 에너지)

C

원자핵 결합 에너지

그림 2

내부 에너지

U

ΔU

분자의 총에너지

총량은 영원히 알 수 없지만 변화량은 측정 가능

분자의 전체 에너지에서 병진 에너지를 뺀 것을 '내부 에너지'라고 합니다.

내부 에너지와 위치 에너지

분자의 내부 에너지는 위치 에너지처럼 생각해도 좋습니다. 쉽게 말해 그 래프 윗부분에 위치한 것은 에너지가 높아 불안정하고, 아랫부분에 위치한 것은 에너지가 낮아 안정적입니다.

1 ▶▶ 내부 에너지 표현

3-5에서 원자의 궤도 에너지가 어떻게 표현되는지 배웠습니다. 내부 에 너지를 표현할 때도 마찬가지입니다. 즉 에너지를 마이너스로 두면 됩니다.

앞서 배운 내용을 복습해 볼까요? 에너지의 기준은 원자핵으로부터 무한 히 떨어져 있는 전자와 원자핵 사이에 작용하는 쿨롱 에너지였습니다. 이른 바 전자의 위치 에너지에 해당하지요. 원자에 속한 전자는 유한한 쿨롱 에 너지를 가졌으므로 마이너스 쪽에 두기로 했던 것을 떠올려 보세요.

자유 전자가 운동하면, 즉 운동 에너지를 가지면 어떻게 될까요(그림 1)? 그리고 그래프 위에 어떻게 나타날까요?

운동 에너지는 플러스로 간주합니다. 따라서 자유 전자가 운동하면 그 운동 에너지는 기준선 위에 표시됩니다(그림 2).

2 ▶▶ 전자 에너지와 진동 에너지

그림 3은 이원자 분자* A-B의 전자 에너지와 신축 진동 에너지를 나타낸 것입니다.

포물선처럼 보이는 것이 전자 에너지입니다. 왜 이런 모양이 되는지는 4-6을 참고하세요. 포물선 안에 그려진 여러 개의 수평선은 진동 에너지를 나타냅니다.

---

* 같은 종류, 또는 다른 종류의 두 원자로 이뤄진 분자

말하자면 진동 에너지도 양자화되어 있습니다. 각 수평선을 진동 에너지 준위라고 합니다. 가장 아래쪽에 있는 ν_0 준위는 진동 에너지가 0이고, 위로 갈수록 진동 에너지가 커져 진동 운동이 강해집니다.

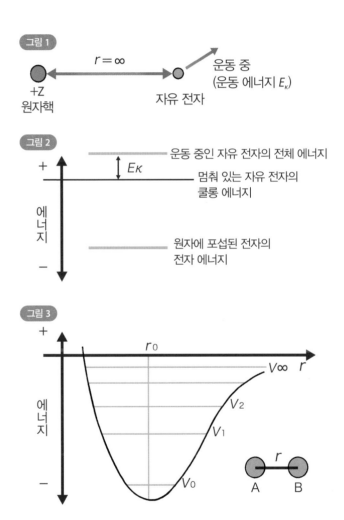

진동 에너지와 회전 에너지

진동 에너지뿐만 아니라 회전 에너지도 양자화되어 있습니다. 두 에너지도 내부 에너지에 포함됩니다.

1 ▶▶ 진동 에너지와 온도

오른쪽 그림은 앞에서 본 진동 에너지 준위 그래프에 회전 에너지 준위를 추가한 것입니다.

그래프의 최저 진동 준위 ν_0는 분자의 운동 에너지가 가장 낮은 상태, 즉 절대 0도(0K, 섭씨 −273.15도)일 때의 진동 에너지 준위입니다. 다시 말해 유한한 양의 진동 에너지를 갖습니다. 원래대로라면 모든 운동이 멈춰야 할 절대 0도에서도 분자는 진동 에너지를 갖고 진동한다는 말이에요. 분자의 에너지가 증가할수록, 즉 고온이 될수록 진동 에너지 준위는 올라갑니다.

2 ▶▶ 진동 에너지와 결합 절단

진동 에너지 준위를 나타내는 수평선은 전자 에너지를 나타낸 포물선의 양 끝에 걸쳐져 있습니다. 예를 들어 ν_n 준위일 때 원자 간 거리가 $r_1 \sim r_2$ 사이라면 진동 에너지값은 모두 같습니다. 다시 말해 준위 ν_n에 있을 때 원자 간 거리는 $r_1 \sim r_2$ 사이를 진동하고 있습니다.

그럼, ν_∞ 준위일 때는 어떻게 될까요? 그래프에서 보듯 r_3까지 줄었다가 r_∞로 늘어납니다. 이것은 결합 절단을 의미합니다.

3 ▶▶ 회전 에너지

진동 에너지 준위 위에 그려진 짧은 수평선은 회전 에너지 준위를 뜻합니다. 에너지가 수평선으로 나타난다는 말은 에너지도 양자화되어 있다는 뜻이에요.

이렇게 분자는 주어진 환경의 에너지 상태에 따라 전자 에너지, 진동 에너지, 회전 에너지 중 하나를 갖습니다.

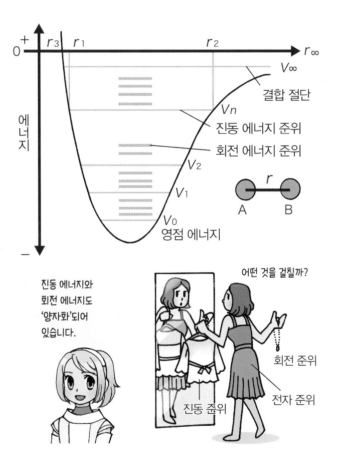

반응 에너지와 내부 에너지

화학 반응이 일어나면 분자가 변화하고 분자의 내부 에너지도 변화합니다. 계속 이야기했듯이 내부 에너지의 변화는 반응으로 인한 에너지 변화를 의미합니다.

1 ▶▶ 내부 에너지 변화

많은 반응에서 에너지 변화와 함께 열의 출입이 일어납니다. 이는 반응열이라고 불리며 반응 에너지에 해당해요. 일어난 화학 반응의 종류에 따라 연소열이나 중화열 등으로 불리지요.

화학 반응에는 분자 구조 변화가 동반되고 그에 따라 분자의 내부 에너지도 변화합니다. 그 변화가 외부로 나타난 것이 반응 에너지입니다.

그런데 반응 에너지가 분자 구조의 변화로만 생기는 것은 아닙니다. 물질이 가진 고체나 액체, 기체 등의 형태를 상태라고 하는데 그런 물질의 상태가 변할 때도 에너지가 변합니다. 가령 액체가 기체가 될 때는 외부에서 에너지를 빼앗는데(기화열), 이 또한 반응 에너지입니다.

2 ▶▶ 발열 반응과 흡열 반응

화학 반응을 포함한 넓은 의미의 '변화'에서 변화하기 전의 계를 출발계, 변화한 후의 계를 생성계라고 합니다.

반응 에너지는 출발계와 생성계의 에너지 차이에 의해 발생합니다. 출발계가 생성계보다 고에너지일 경우 그 차이만큼의 에너지가 외부로 방출되지요. 그것이 반응 에너지이며 이처럼 에너지를 방출하는 반응을 발열 반응이라고 합니다(그림 1). 연소에 따른 연소열이 대표적인 예인데 다음 장에서 다른 관점으로 살펴보겠습니다.

반대로 출발계가 생성계보다 저에너지일 경우 그 차이만큼의 에너지가 외부에서 흡수돼야 반응이 진행됩니다. 이런 반응을 흡열 반응이라고 합니다(그림 2). 얼음이 녹을 때 일어나는 변화(상태 변화)가 주변에서 쉽게 볼 수 있는 흡열 반응이며 간이 냉각 패드도 흡열 반응을 응용한 것입니다.

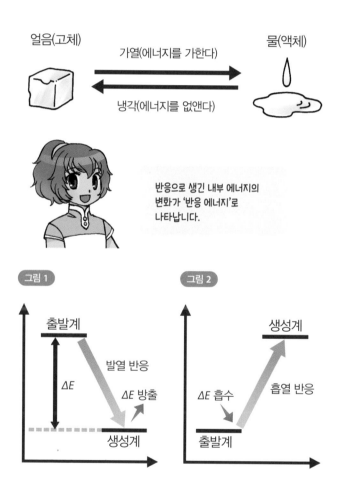

얼음(고체)　　가열(에너지를 가한다)　　물(액체)

냉각(에너지를 없앤다)

반응으로 생긴 내부 에너지의
변화가 '반응 에너지'로
나타납니다.

그림 1

출발계

발열 반응

ΔE

ΔE 방출

생성계

그림 2

생성계

ΔE 흡수

흡열 반응

출발계

용해와 용매화 에너지

수산화 나트륨(NaOH)을 물에 녹이면 열이 발생해서 몹시 위험합니다. 반면 질산 나트륨(NaNO₃)을 물에 녹이면 용액이 차가워지지요. 어째서 그런 현상이 일어날까요?

1 ▶▶ 용해와 혼합

일반적으로 설탕과 밀가루는 모두 물에 녹는다고 표현합니다. 그러나 엄밀히 말하면 설탕은 물에 녹지만 밀가루는 물에 녹지 않습니다. 밀가루는 물에 섞일 뿐이지요. 설탕을 물에 탄 것은 '용액'(그림 1)이라 하고 밀가루를 물에 탄 것은 '혼합물'(그림 2)이라 합니다. 그렇다면 용액과 혼합물은 무엇이 다를까요?

물질을 녹일 때 녹아든 물질을 용질, 녹이는 물질을 용매라고 합니다. 설탕물의 경우 설탕이 용질이고 물이 용매예요. 용질의 분자는 뿔뿔이 흩어져 용매의 분자에 둘러싸입니다. 이를 용매화라고 하며(그림 3) 특히 용매가 물일 경우에는 수화(그림 4)라고 합니다.

반면 밀가루의 경우 밀가루 분자(대부분 전분)가 뿔뿔이 흩어지지 않고 용매화도 이루어지지 않습니다. 그래서 용액으로 분류되지 않아요.

2 ▶▶ 용매화를 일으키는 것

용매화 상태에서는 용질과 용매 사이에 인력이 작용합니다. 물이 용매인 수화일 경우 그 인력 대부분은 수소 결합을 중심으로 한 쿨롱 에너지입니다.

4-11에서 물은 극성을 가진 극성 분자로 산소는 음전하, 수소는 양전하를 띤다고 했습니다. 그러므로 용질의 양전하 부분에는 산소가 결합하고 음전하 부분에는 수소가 결합합니다.

일반적인 용매에는 쿨롱 에너지 외에도 4-11에서 살펴본 소수성 상호 작용이나 판데르발스 힘과 같은 분자 간 힘이 작용합니다.

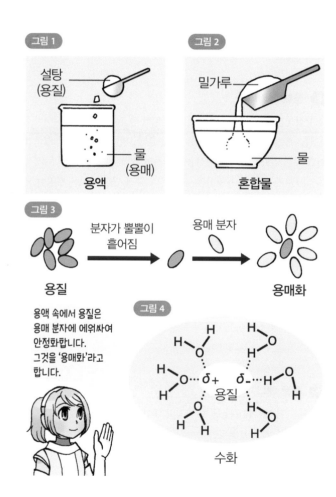

그림 1

설탕
(용질)

물
(용매)

용액

그림 2

밀가루

물

혼합물

그림 3

분자가 뿔뿔이
흩어짐

용매 분자

용질

용매화

용액 속에서 용질은
용매 분자에 에워싸여
안정화합니다.
그것을 '용매화'라고
합니다.

그림 4

용질

수화

용해 에너지

용해란 용질이 용매 속에서 균일하게 녹는 것을 말합니다. 이제 용해 과정에 어떤 에너지 현상이 따르는지, 또 그 현상이 용해로 인한 발열이나 흡열에 어떤 영향을 주는지 살펴보겠습니다.

1 ▶▶ 용해 메커니즘

용해 현상을 순서대로 되짚어 봅시다. 편의상 용질을 이온성 결정이라고 가정하겠습니다. 구체적으로는 염화 나트륨($NaCl$)이 물에 녹아 식염수가 되는 것과 같은 일반적인 용해 현상을 생각하면 됩니다.

반응은 크게 두 단계로 생각할 수 있습니다. 우선 염화 나트륨 결정이 깨져 나트륨 이온(Na^+)과 염화 이온(Cl^-)으로 나누어집니다. 이것은 결정의 격자 구조가 깨져 이온화하는 과정이므로 보통 격자 파괴라고 해요. 식염 결정에서는 이온 간의 형성됐던 이온 결합이 깨지는 것이기에 일종의 결합 절단으로 볼 수 있습니다.

다음 단계는 용매화(용매가 물일 경우에는 수화)입니다. 쿨롱 에너지에 의해 나트륨 이온(Na^+)에는 물의 산소가, 염소 이온(Cl^-)에는 물의 수소가 결합합니다. 이 과정은 수소 결합과 같은 분자 간 힘이 생기는 과정이기에 결합 생성 과정으로 볼 수 있습니다(그림 1).

2 ▶▶ 용해 에너지

그림 2와 그림 3은 위에서 본 두 과정의 에너지 변화를 나타낸 것입니다. 과정 1은 격자가 깨져 불안정한 고에너지 상태가 되므로 외부에서 에너지를 흡수하는 흡열 과정입니다. 반면 과정 2는 용매화로 분자 간 힘이 생겨 안정화되므로 발열 과정이지요.

용해 전체의 에너지는 과정 1과 과정 2의 에너지를 합한 것입니다. 그림 2처럼 과정 1의 절댓값이 크면 흡열 반응이 됩니다. 예를 들어 질산 나트륨($NaNO_3$)의 용해는 흡열 반응이에요. 반대로 그림 3처럼 과정 2의 절댓값이 크면 발열 반응이 됩니다. 수산화 나트륨($NaOH$)의 용해가 바로 발열 반응이지요.

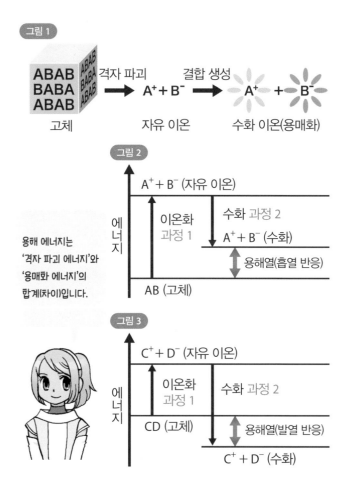

그림 1

격자 파괴   결합 생성

ABAB → $A^+ + B^-$ → A^+ + B^-

고체   자유 이온   수화 이온(용매화)

그림 2

에너지

$A^+ + B^-$ (자유 이온)

이온화 과정 1   수화 과정 2

$A^+ + B^-$ (수화)

용해열(흡열 반응)

AB (고체)

용해 에너지는 '격자 파괴 에너지'와 '용매화 에너지'의 합계(차이)입니다.

그림 3

에너지

$C^+ + D^-$ (자유 이온)

이온화 과정 1   수화 과정 2

CD (고체)

용해열(발열 반응)

$C^+ + D^-$ (수화)

에너지로 방출되는 것

화학 반응 결과 열에너지만 방출되는 것이 아닙니다. 여러 에너지의 특징은 다양한 형태로 나타납니다.

1 ▶▶ 소리, 압력

에너지는 다양한 모습으로 우리 앞에 나타납니다. 예를 들어 무언가 폭발한다면 어마어마한 소리와 엄청난 파괴력이 발생할 거예요.

소리는 공기의 진동이며 공기를 진동시키기 위해서는 에너지가 필요합니다. 폭발에서 파괴는 대부분 압력에 의한 것이며 압력은 공기의 부피가 순식간에 팽창해서 발생합니다. 대기압에 반해 부피를 팽창시키는 것은 일이자 에너지입니다.

이처럼 화학 반응에서 출입하는 에너지는 다양한 모습을 하고 있습니다.

2 ▶▶ 화학 반응과 빛

다양한 에너지의 형태 중 2-7에서 살펴본 빛은 꽤 중요합니다. 빛도 에너지의 한 형태인 이상 반응 에너지가 빛으로 나타나는 것은 당연하겠지요? 발열 반응에서 에너지가 빛으로 방출되면 발광 반응이라고 할 수 있습니다. 연소에 의한 빛은 물론이고 반딧불이 등에 의한 생물 발광도 여기에 해당해요. 더 나아가 화학 발광이라는 현상도 있습니다.

반대로 빛이 흡수되면 어떻게 될까요?

어렵게 생각하지 않아도 됩니다. 바로 우리 일상과 관련이 있으니까요. 우리는 어지러울 만큼 많은 색에 둘러싸여 있습니다. 이것이 바로 빛에너지가 흡수된 결과랍니다! 3-8에서 원자가 빛을 흡수하는 과정을 살펴보았지요? 분자도 마찬가지로 빛을 흡수합니다. 그리고 그것이 색으로 나타납니다.

폭발 반응

'반응 에너지'는 열에너지나 빛에너지 등 다양한 형태를 띨 수 있습니다.

화학 반응

발색 현상

발광 현상

빛에너지

빛에너지

발광과 색깔

화학 반응에서 발생한 반응 에너지가 빛이 되어 나타나는 것을 발광 현상이라 합니다. 축제 때 아이들이 팔에 즐겨 차는 형광 팔찌나 반딧불이로 대표되는 생물 발광, 또는 경찰의 감식 기법으로 유명한 루미놀 반응 등은 모두 반응 에너지가 빛으로 나타난 사례입니다.

1 ▶▶ 형광 팔찌의 발광

발광 현상의 반응 원리는 모두 같습니다. 알고 보면 매우 간단해요. 분자를 발광시키려면 분자에 에너지를 가해 들뜬상태라고 불리는 고에너지 상태로 만들어야 합니다. 그 상태에서 저에너지인 바닥상태로 되돌아올 때 방출되는 에너지가 빛으로 나타나는 것이 발광 현상입니다(그림 1).

형광 팔찌는 들뜬상태가 되기 위한 에너지를 화학 반응으로 얻습니다. 팔찌 내부는 칸막이에 의해 두 부분으로 나누어져 있고, 각각 약품 A, B가 들어 있습니다. 팔찌를 꺾어 칸막이를 부수면 A와 B가 섞이면서 반응하여 에너지가 발생합니다(그림 2). 이 에너지를 이용하여 발광 물질은 들뜬상태가 되지요.

2 ▶▶ 생물의 발광

반딧불이의 발광도 원리는 형광 팔찌와 같습니다. 다른 점이 있다면 생물 반응에는 반드시 촉매, 즉 효소가 관여한다는 거예요.

반딧불이뿐만 아니라 해파리나 야광충도 효소를 이용합니다. 생물 발광 시 발광하는 물질은 모두 루시페린이라고 불리는데, 분자 구조는 생물에 따라 다릅니다. 그리고 효소는 모두 루시페라제라고 합니다. 루시페린이 산소와 만나 고에너지 물질로 바뀌고, 다시 분해되어 저에너지 물질로 돌아올 때 에너지가 빛으로 방출됩니다. 루시페라아제는 루시페린의 산화를 일으키는 촉매입니다(그림 3).

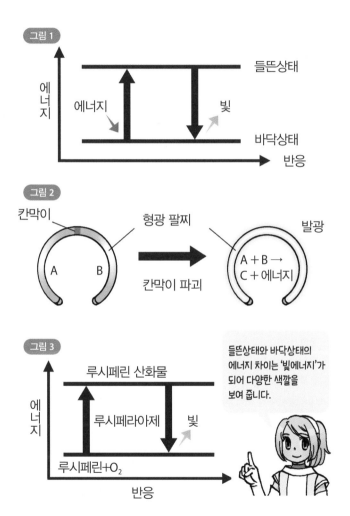

들뜬상태와 바닥상태의 에너지 차이는 '빛에너지'가 되어 다양한 색깔을 보여 줍니다.

빛 흡수와 발광

많은 물질에는 색깔이 있습니다. 네온은 붉은빛을 발하고 장미는 타는 듯 붉게 물듭니다. 그렇다면 이 둘의 색깔은 같은 것일까요?

1 ▶▶ 발광과 색깔

어두운 밤거리에서 화려하게 빛나는 네온사인을 본 적이 있지요? 이는 네온사인이 빛을 방출, 즉 발광하기 때문입니다. 2-7에서 봤듯 빛은 파장별로 색을 갖습니다. 네온사인은 붉은색이고 나트륨램프는 오렌지색입니다. 발산하는 빛의 에너지 $E=\dfrac{ch}{\lambda}$ 에서 파장(λ)이 각각 빨강과 오렌지의 파장과 일치하기 때문입니다.

2 ▶▶ 발광과 반사

장미는 어떨까요? 어두운 곳에서는 붉은색을 띠지 않을뿐더러 아예 보이지도 않습니다. 장미가 발광하는 게 아니기 때문입니다.

그렇다면 밝은 곳에서 장미의 색깔과 형태가 보이는 이유는 무엇일까요? 그것은 장미가 빛을 반사하고 그 반사된 빛 즉, 반사광이 우리 눈에 들어오기 때문입니다. 반사는 원래 거울의 성질입니다. 하지만 거울은 붉은색을 띠는 대신 거울 앞에 놓인 물건이나 장소 등의 모습을 비춰 줍니다. 대체 장미의 반사광과 거울의 반사광은 무엇이 다른 것일까요?

3 ▶▶ 빛 흡수와 색깔

이 둘의 차이점은 반사 정도에 있습니다. 거울은 모든 빛을 반사합니다. 하지만 장미는 빛 일부만 반사하며 반사하지 않은 빛은 흡수해 버려요.

다시 말해 장미는 입사한 빛의 일부는 반사하고 나머지를 흡수합니다. 우리 눈에 들어오는 빛은 반사한 빛이며, 그 빛이 붉은색이라 장미가 붉은색을 띠는 것입니다(그림 1, 그림 2).

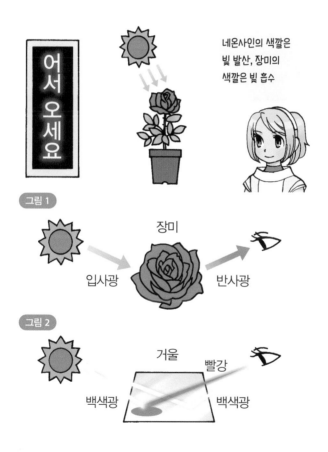

네온사인의 색깔은 빛 발산, 장미의 색깔은 빛 흡수

그림 1

장미

입사광　　　반사광

그림 2

거울　　빨강

백색광　　　백색광

빛 흡수와 색깔

붉은 장미가 흡수하는 빛은 무슨 색일까요? 우리 눈에 들어오는 색이 붉은색이니, 흡수하는 색이 결코 붉은색일 리 없겠지요? 그렇다면 대체 무슨 색일까요?

1 ▶▶ 색상환

2-7에서 빛과 파장의 관계를 살펴보았습니다. 우리는 파장 400~800나노미터에 해당하는 빛이 가시광선이라는 사실과 그 안에 무지개의 일곱 색이 모두 포함된다는 것을 이미 알고 있어요. 또 일곱 색을 모두 더하면 태양광과 같은 무색의 빛, 백색광이 된다는 것도요.

빛과 색깔의 관계를 잘 나타낸 것이 그림 1의 색상환입니다. 빛의 색깔이 파장 순서대로 그려져 있는데 그것을 전부 섞으면 무색(백색) 빛이 됩니다.

2 ▶▶ 보색

그런데 색상환에서 어떤 색, 이를테면 청록색을 빼면 나머지 빛은 무슨 색으로 보일까요? 청록색을 뺐으니, 청록색으로 보일 리는 없습니다. 오히려 청록색과 반대되는 색으로 보이겠지요. 이때 그 '반대되는 색'을 보색이라고 해요. 색상환에서는 서로 마주 보고 있습니다. 즉 청록색의 보색은 빨간색이고 빨간색의 보색은 청록색입니다. 그러므로 어느 분자가 청록색 빛을 흡수하면 나머지 빛은 빨간색으로 보입니다.

3 ▶▶ 장미의 붉은색

다시 장미로 돌아가 봅시다. 즉 장미는 백색광을 받으면 청록색 빛만 흡수하고 나머지 빛은 반사합니다. 그 반사광이 우리 눈에 들어와서 장미가 붉게 보이는 것입니다. 결국, 장미가 붉은색인 것은 분자가 자신의 에너지 준위에 따라 빛에너지를 흡수한 결과입니다(그림 2). 이렇게 세상은 에너지에 의해 돌아갑니다.

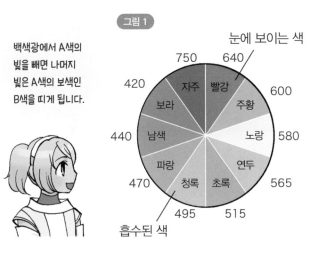

그림 1

백색광에서 A색의 빛을 빼면 나머지 빛은 A색의 보색인 B색을 띠게 됩니다.

눈에 보이는 색

흡수된 색

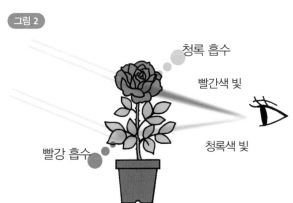

그림 2

청록 흡수

빨간색 빛

빨강 흡수

청록색 빛

1 괄호 안에 알맞은 말을 써넣으세요.

A : 에어컨의 냉기는 물질의 ①(   ) 변화 에너지를 이용한 것이다.

B : 물질의 내부 에너지 ②(   )은 알 수 없다.

C : 원자와 분자의 에너지는 어느 기준을 바탕으로 ③(   )로 간주한다.

D : 진동 에너지나 회전 에너지도 ④(   )화되어 있어 불연속적인 값으로만 존재한다.

E : 고에너지 상태에서 저에너지 상태로의 변화는 ⑤(   )반응이다.

F : 용질이 용매에 에워싸이는 것을⑥(   )라고 한다.

G : 물에 식염을 녹였을 때 나트륨 이온에는 물의 ⑦(   ) 원자가 결합한다.

H : 화학 반응 결과 방출된 에너지가 빛으로 나타나는 것은 ⑧(   )현상이다.

I : 발광에 필요한 에너지를 생물 에너지로 조달하는 것을 ⑨(   )발광이라고 한다.

J : 네온사인의 색깔은 빛 발산에 의한 것이지만 장미의 색깔은 빛 ⑩(   )에 의한 것이다.

K : 백색광에서 특정 색이 빠지면 나머지 빛은 그 빠진 색의 ⑪(   )이 된다.

정답은 217쪽에
있습니다.

반응 속도와 촉매, 에너지

반응에는 빠른 것도 있는가 하면 느린 것도 있습니다. 반응에 따른 속도를 반응 속도라고 하는데 촉매는 반응 속도를 크게 변화시킵니다. 한편 반응 속도는 화학 반응으로 인한 에너지 변화를 반영합니다. 따라서 반응 속도를 측정하고 분석하면 화학 반응의 에너지 구조를 설명할 수 있습니다.

화학 반응 속도

화학 반응에는 다양한 종류가 있고 반응 속도도 다양합니다. 예를 들어 폭발은 순식간에 끝나지만 부엌칼의 산화는 몇 년이 걸리지요. 이러한 화학 반응의 속도를 반응 속도라고 합니다. 반응 속도는 알다시피 촉매를 이용하면 크게 달라지며 에너지와도 밀접한 관련이 있습니다.

1 ▶▶ 반응과 농도 변화

반응 A→B에서는 반응이 진행됨에 따라 성분 A, B의 농도가 변화합니다. 그림 1은 농도 변화의 예를 나타낸 것입니다.

반응이 시작되기 전에는 출발계 A만 있다고 가정해 볼까요? A의 농도는 대괄호로 묶어 [A]로 표시합니다. 반응이 시작되기 전의 농도는 초기 농도라고 하며 $[A]_0$이라고 씁니다. 반응이 시작되면 A는 B로 변하므로 [A]는 감소하는 대신 [B]는 증가하고 최종적으로 완전히 B가 되어 반응은 종결됩니다.

출발물 A는 B로만 변하고 다른 물질로는 변하지 않기에 늘 $[A]+[B]=[A]_0$이라는 관계가 성립합니다.

2 ▶▶ 반감기

반응이 진행될수록 출발물 A의 농도는 감소하여 어느덧 초기 농도의 절반이 됩니다. 출발물의 농도가 초기 농도의 절반이 되는 데 걸린 시간을 반감기($t_{\frac{1}{2}}$)라고 합니다. 반감기가 짧은 반응은 속도가 빠르고 반감기가 긴 반응은 속도가 느리므로 반감기를 측정하면 반응 속도를 알 수 있습니다(그림 2).

다만 반감기의 두 배, 즉 $2t_{\frac{1}{2}}$만큼 시간이 지났을 때의 A의 농도 변화에는 주의해야 합니다. 처음 반감기에서 절반이 감소하고 다음 반감기에서 나머지 절반이 감소하므로 A가 모두 사라진다고 생각하면 안 됩니다.

두 번째 반감기가 시작될 때의 초기 농도는 첫 번째 반감기가 끝난 시점의 농도, 즉 $\frac{[A]_0}{2}$입니다. 거기서 또 절반만큼 줄어드는 것이므로 농도는 $\frac{[A]_0}{4}$가 되는 셈입니다. 다음 반감기 때는 $\frac{[A]_0}{8}$가 됩니다.

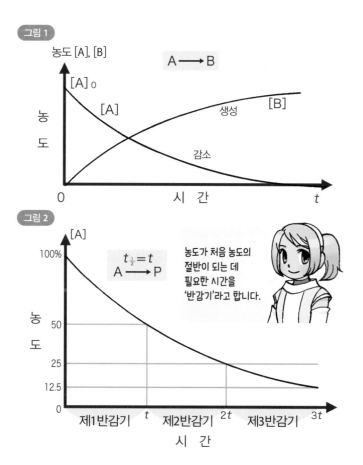

그림 1

농도 [A], [B]

$A \longrightarrow B$

[A]₀

[A]

생성 [B]

감소

농 도

O   시 간 t

그림 2

[A]

100%

$t_{\frac{1}{2}} = t$
$A \longrightarrow P$

농도가 처음 농도의 절반이 되는 데 필요한 시간을 '반감기'라고 합니다.

50

25

12.5

0   제1반감기 t 제2반감기 $2t$ 제3반감기 $3t$

시 간

활성화 에너지

숯을 태우기 위해서는 성냥이나 토치 등으로 불을 붙여야 합니다. 숯의 연소는 발열 반응입니다. 이처럼 스스로 에너지를 내는 발열 반응을 일으키기 위해서는 외부에서 에너지를 공급해야 합니다. 그 이유는 무엇일까요?

1 ▶▶ 전이 상태

그림 1은 5-5에서 살펴본 반응의 에너지 관계를 숯의 연소(산화)에 적용한 것입니다.

출발계는 숯(C)과 산소(O_2)이며 생성계는 이산화 탄소(CO_2)입니다. 출발계의 에너지가 높으므로 반응이 진행됨에 따라 생성계와의 차이만큼 에너지 ΔE가 방출됩니다. 우리는 이 연소열로 고기를 구울 수 있어요. 이 그래프의 특징은 출발계와 생성계만 나타나 있고 중간 과정은 없다는 점입니다.

탄소(C)와 산소(O_2)에서 이산화 탄소(CO_2)가 되려면 산소(O_2)의 두 원자 사이에 탄소(C)가 끼어들어야 합니다. 이 반응을 위해서는 중간 상태를 거쳐야 합니다. 이 중간 상태가 바로 그림 2 윗부분에 있는 삼환식 화합물이며 전이 상태 T로 불립니다.

2 ▶▶ 활성화 에너지 E_a

그림 2의 그래프는 이 반응의 에너지 관계를 중간 과정까지 표시한 것입니다. 반응 도중 전이 상태가 나타나는데 O=O 결합은 끊어지는 중이고, C-O 결합은 생성되는 중입니다. 즉 모든 결합이 불완전하기 때문에 결합에 따른 안정감이 없어요. 따라서 전이 상태는 에너지가 높고 불안한 상태입니다.

숯의 산화 반응이 진행되려면 이 고에너지 상태, 이른바 고개를 넘어야 합니다. 그에 필요한 에너지를 활성화 에너지 E_a라고 합니다. 숯을 태우기 위해 성냥으로 불을 붙인 것은 활성화 에너지 E_a를 공급하기 위함입니다. 일 단 반응이 시작되면 다음 E_a는 반응 에너지 ΔE에 의해 조달됩니다.

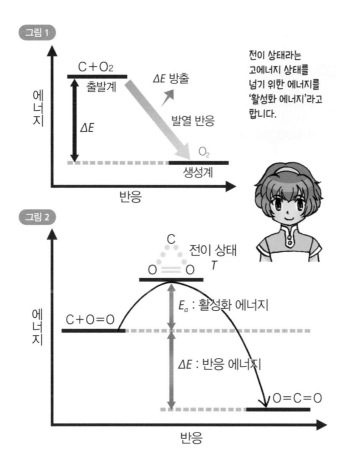

그림 1

C+O₂ 출발계

ΔE 방출

발열 반응

ΔE

O₂

생성계

에너지

반응

전이 상태라는 고에너지 상태를 넘기 위한 에너지를 '활성화 에너지'라고 합니다.

그림 2

C

전이 상태

O=O T

E_a : 활성화 에너지

C+O=O

ΔE : 반응 에너지

O=C=O

에너지

반응

활성화 에너지와 촉매 반응

전이 상태는 하이킹 코스의 고개와 같습니다. 고개를 넘지 않으면 목적지에 도달할 수 없어요. 낮은 고개는 초보자용 코스처럼 넘기 쉬운 편에 해당합니다.

1 ▶▶ 활성화 에너지의 크기

그림 1은 반응 $A + BC \rightarrow AB + C$의 에너지 관계를 나타낸 것입니다. 반응 경로는 두 가지입니다. 한 가지는 하나로 융합했다가 C가 떨어지는 것이고 다른 한 가지는 뿔뿔이 흩어졌다가 A와 B가 결합하는 것입니다.

그림 1을 하이킹 지도라고 생각해 보세요. 출발지에서 목적지로 가는 코스를 몇 가지 떠올릴 수 있습니다. 그림 2는 각 코스를 선택할 때 만나는 고개의 높낮이를 나타낸 것입니다. X, Y, Z 중에서 Y가 가장 완만하여 쉬운 코스에 해당합니다.

각 코스의 최고 지점은 전이 상태이며 그 높이는 활성화 에너지를 뜻합니다(그림 3). 활성화 에너지가 큰 반응은 진행되기 어렵고 작은 반응은 진행되기 쉽습니다.

2 ▶▶ 촉매 반응

반응의 모든 과정에서 자기 자신은 변화하지 않은 채 반응 속도를 빠르게 만드는 물질을 촉매라고 합니다. 촉매는 활성화 에너지를 낮추는 역할을 합니다. 일반적인 반응에서 전이 상태를 T, 활성화 에너지를 E_a라고 합시다. 촉매를 더 하면 전이 상태의 구조가 T'로 변하여 에너지가 낮아집니다. 그 결과 활성화 에너지도 낮아져 E_a'가 되지요(그림 4). 이것이 촉매의 효과입니다.

전이 상태의 물질이 생성 물질로 변화하면 촉매는 전이 상태의 물질에서 떨어져 다음 반응에 들어가므로 촉매의 양은 출발 물질의 양보다 적어도 됩니다. 우리 몸에서 일어나는 반응에서 중요한 역할을 담당하는 물질 중 하나가 효소입니다. 이 효소는 촉매와 같은 역할을 합니다. 따라서 효소는 단백질로 된 촉매라고 할 수 있습니다.

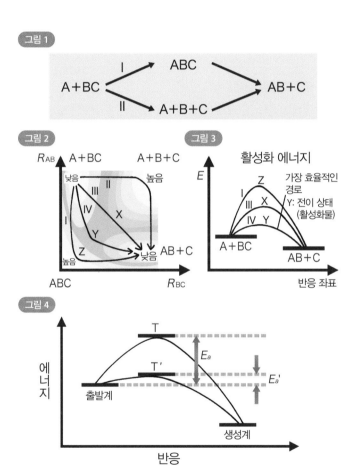

그림 1

$$A + BC \quad \overset{I}{\longrightarrow} \quad ABC$$
$$\overset{II}{\longrightarrow} \quad A + B + C$$
$$\longrightarrow \quad AB + C$$

그림 2

R_{AB}

A+BC A+B+C

낮음 높음

III II

IV X

I

Y

높음 낮음 AB+C

낮음

ABC R_{BC}

그림 3

활성화 에너지

E

Z 가장 효율적인 경로

I X Y: 전이 상태 (활성화물)

III Y

IV

A+BC

AB+C

반응 좌표

그림 4

에너지

T

E_a

T'

E_a'

출발계

생성계

반응

촉매 반응의 원리

촉매 반응을 좀 더 자세히 살펴봅시다. 팔라듐(Pd) 같은 촉매가 있는 상황에서 유기물의 이중 결합이나 삼중 결합에 수소가 첨가되는, 이른바 촉매 환원이라는 반응을 예로 들겠습니다.

1 ▶▶ 금속의 결합 상태

4-3에서 살펴보았듯 금속 결정 속의 금속 원자는 차곡차곡 쌓인 채 주위의 원자와 결합되어 있습니다. 그림 1을 보면 금속 원자는 상하좌우 및 앞뒤의 원자 여섯 개와 결합되어 있습니다. 그런데 결정 표면의 원자는 위에 다른 원자가 없어서 다섯 개의 원자와만 결합하고 있어요. 그래서 결합할 수 있는 손이 하나 남습니다.

2 ▶▶ 금속 표면과 분자의 상호 작용

금속 표면은 분자와 다양한 상호 작용을 합니다.

▶A 흡착

금속과 충돌한 분자는 튕겨 나가지만 잠시 표면에 머무를 때도 있습니다. 그것을 흡착이라고 합니다. 흡착에는 물리 흡착과 화학 흡착이 있습니다. 그림 3은 그 에너지 관계를 나타낸 것입니다. 물리 흡착은 에너지가 작아서 흡착 시간도 짧습니다. 그런데 분자 중에는 화학 흡착으로 이행하는 것도 있습니다. 그렇게 되면 에너지가 커져서 흡착 시간도 길어집니다.

▶B 촉매 작용

금속 표면에 수소 분자가 다가오면 금속은 비어 있는 손을 내밀어 수소를 유혹합니다. 그러면 수소 분자는 금속과 느슨하게 결합하는데 그 결과 수소 간의 결합이 약해져 분자가 불안정해집니다. 그런 수소를 활성 수소라고 합니다.

그때 삼중 결합한 유기 분자가 나타나면 수소는 기다렸다는 듯 반응합니다. 결국 삼중 결합은 이중 결합이 되지요. 이것이 촉매 환원의 반응 원리입니다(그림 4). 이 반응은 활성 수소가 없으면 일어나지 않습니다. 다시 말해 팔라듐(Pd) 같은 촉매가 없으면 반응도 진행되지 않습니다.

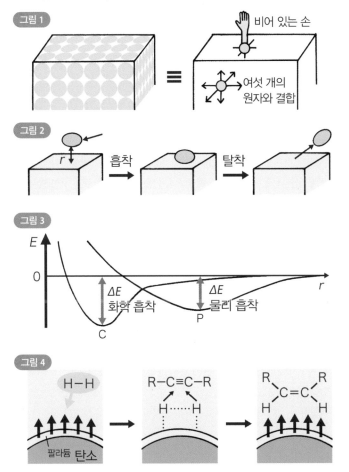

그림 1

비어 있는 손

≡

여섯 개의 원자와 결합

그림 2

r

흡착 →

탈착 →

그림 3

E

0

ΔE
화학 흡착

C

ΔE
물리 흡착

P

r

그림 4

H−H

R−C≡C−R

H········H

$\begin{matrix} R & & R \\ & C=C & \\ H & & H \end{matrix}$

팔라듐 탄소

반응 속도식

반응 속도를 나타낸 식을 반응 속도식이라고 합니다. 그 안에 나타나는 상수는 속도 상수로 반응 속도의 크기를 가늠하는 기준이 됩니다.

1 ▶▶ 반응 속도식

반응식 1을 봅시다. A → B의 반응 속도 ν는 식 1로 나타낼 수 있습니다. 나타낸다는 말이 좀 어색하지만, 이 식으로 나타내지 않을 때도 있기에 어쩔 수 없다고나 할까요.

이 식은 농도 [A]의 1제곱 형태이므로 1차 반응 속도식이라고 합니다. 또한, 반응 속도가 1차 반응 속도식으로 나타나는 반응을 1차 반응이라고 해요. 다만 반응식 1에 나타난 모든 반응을 1차 반응이라고 부르는 것이 아니므로 주의해야 합니다. 반응식 1이 진행되면 [A]는 감소하고 [B]는 증가하기 때문에 식 1의 두 번째 식에는 마이너스 부호가 붙습니다.

속도식 안의 상수 k를 '반응 속도 상수'라고 하며 여기서는 특별히 1차 반응 속도 상수라고 부릅니다. 속도 상수는 반응 속도를 구체적으로 나타내는 기준으로 속도 상수가 크면 빠른 반응이고 작으면 느린 반응입니다.

2 ▶▶ 속도 상수와 반감기

식 1을 변형하면 식 2가 됩니다. 식 2는 적분형이므로 식 3을 유도할 수 있어요. 여기서 조건을 넣어 식 3을 적분해 볼까요? 반응 초기, 즉 $t = 0$일 때는 A의 농도가 초기 농도 $[A]_0$이고 임의의 시간 t일 때는 농도가 [A]라는 조건을 대입하여 풀면 식 4가 됩니다. 이를 공식에 따라 풀면 식 5가 됩니다. 여기에 반감기의 정의, 즉 $t = t_{\frac{1}{2}}$일 때 농도비 $\frac{[A]}{[A]_0} = \frac{1}{2}$을 대입하면 식 6이 되고, 속도 상수 k를 식 7처럼 구할 수 있습니다.

다시 말해 속도 상수는 반감기의 역수($\frac{1}{t_\frac{1}{2}}$)에 ln 2=2.303을 곱한 것입니다. 반감기를 측정하는 일은 실험으로 쉽게 구할 수 있기 때문에 이 관계식은 속도 상수를 결정하는 데 매우 편리합니다.

A $\longrightarrow$ B (반응식 1)

$$v = -\frac{d[A]}{dt} = \frac{d[B]}{dt} = k[A] \cdots\cdots \text{(식 1)}$$

$$-\frac{d[A]}{[A]} = k\,dt \cdots\cdots\cdots\cdots\cdots\cdots \text{(식 2)}$$

$$\int -\frac{d[A]}{[A]} = \int k\,dt \cdots\cdots\cdots\cdots\cdots \text{(식 3)}$$

조건 $t = 0 : [A] = [A]_0$
       $t = t : [A] = [A]$

$$\int_{[A]_0}^{[A]} -\frac{d[A]}{[A]} = \int_0^t k\,dt \cdots\cdots\cdots \text{(식 4)}$$

$$\ln\frac{[A]}{[A]_0} = -kt \cdots\cdots\cdots\cdots\cdots\cdots \text{(식 5)}$$

$$\ln\frac{1}{2} = -\ln 2 = k\,t_\frac{1}{2} \cdots\cdots\cdots\cdots \text{(식 6)}$$

$$k = \frac{\ln 2}{t_\frac{1}{2}} = \frac{2.303}{t_\frac{1}{2}} \cdots\cdots\cdots\cdots\cdots \text{(식 7)}$$

반응 속도를 나타내는 식을 '반응 속도식'이라고 합니다. 속도 상수의 크기는 반응 속도의 크기와 대응됩니다.

속도 상수의 의미

속도 상수는 속도의 크기를 나타내는 상수입니다. 실험 및 이론적 연구 결과, 속도 상수는 두 개의 항으로 이루어져 있음이 밝혀졌습니다. 함께 속도 상수의 의미를 찾아볼까요?

1 ▶▶ 화학 반응과 자동차 사고

속도 상수를 생각하기 전에 화학 반응을 생각해 봅시다. 화학 반응은 교통사고에 비유할 수 있습니다. 사고가 일어나려면 자동차가 충돌해야 합니다. 화학 반응이 빠르다는 것은 충돌 빈도가 높음(충돌 횟수가 많음)을 의미합니다.

또한 사고에는 속도가 중요한 요소로 작용합니다. 느리게 움직이는 자동차는 충돌해도 별일이 없겠지요. 하지만 경찰에 신고할 만큼 큰 사고를 내려면 속도가 빨라야 합니다. 이것이 바로 활성화 에너지에 해당합니다.

2 ▶▶ 아레니우스 식

스웨덴 화학자 아레니우스는 반응 속도를 실험적으로 연구하여 속도 상수 k가 오른쪽 공식으로 나타난다는 사실을 발견했습니다. 이를 아레니우스 식이라 하며, 상수 A를 빈도 인자라고 합니다. 이때 지수함수 exp 항에 활성화 에너지 E_a가 들어간 것에 주의해야 합니다.

이 식은 훗날 미국 물리학자 아이링이 저서 『절대반응 속도론』에서 이론적으로 도출하여 의미를 규명했습니다.

아이링 식에 따르면 정수로 보였던 A는 사실 정수가 아니라 루트 온도에 비례하며, 분자의 충돌 빈도를 나타내는 것으로 알려졌습니다. 또

$\exp(-\frac{E_a}{RT})$는 많은 분자 집단 속에서 에너지 E_a 이상을 가진 물질의 비율을 나타내지요.

아레니우스와 아이링 덕분에 화학 반응은 마치 교통사고와도 같음을 알게 되었습니다. 충돌 빈도와 E_a 이상의 에너지를 갖는 분자의 비율을 곱한 것, 그것이 바로 앞에서 살펴본 신고해야만 하는 큰 사고를 낼 확률입니다.

콰!

A + B

충돌 빈도
운동 속도(운동 에너지)

C

아레니우스 식

$K = A \exp - E_a / RT$

A: 빈도 인자(충돌 빈도)

$\exp - E_a/RT$: E_a 이상의 에너지양을 갖
는 분자의 비율

E_a: 활성화 에너지

R: 기체 상수

T: 절대 온도

속도 상수와
활성화 에너지의
관계를 나타낸 실험식을
'아레니우스 식'이라고
합니다.

다단계 반응과 중간체

반응이 연속적으로 일어나는 것을 다단계 반응이라고 합니다. 그런 반응의 에너지 관계를 살펴봅시다.

1 ▶▶ 전이 상태와 중간체

반응 A → B → C → D → … 처럼 잇따라 반응이 일어나는 것을 다단계 반응 또는 연속 반응이라고 합니다. 이와 반대로 연속되지 않는 개개의 반응, A → B, B → C 등을 기본 반응이라고 해요.

기본 반응은 독립된 반응이므로 A → B의 경우 출발물 A, 생성물 B 사이에 전이 상태 T_1이 존재합니다. 그리고 각 기본 반응은 반응 속도도 다릅니다.

그림 1은 2단계 반응 A → B → C의 에너지 관계를 나타낸 것입니다. 기본 반응 두 개가 연속되므로 전이 상태도 T_1과 T_2, 두 개에요. 이때 B는 처음 반응의 생성물이자 다음 반응의 출발물이며, 중간체라고 합니다.

전이 상태와 중간체는 완전히 별개입니다. 전이 상태는 에너지 그래프의 극대점에 위치하지만, 중간체는 극소점에 위치합니다. 그러므로 중간체는 분리해서 분석할 수 있지만 전이 상태를 분리하는 일은 원칙적으로 불가능합니다.

2 ▶▶ 다단계 반응의 농도 변화

그림 1의 2단계 반응을 바탕으로 농도 변화를 생각해 봅시다. 농도 변화는 각 기본 반응의 속도 차이에 큰 영향을 받습니다.

그림 2는 처음 반응이 빠른 경우, 즉 $k_1 > k_2$인 경우입니다. 반응이 시작되자마자 B가 생성됐으나 다음 반응이 느려 B가 잘 소비되지 않았습니다. 그

결과 [B]에 극댓값이 발생했습니다. B를 효율적으로 분리하려면 이 극대 시점에서 반응을 멈추는 것이 중요합니다.

그림 3은 $k_1 < k_2$인 경우입니다. 느린 반응에 의해 가까스로 생성된 B는 금방 C로 변했기 때문에, B의 농도는 거의 0으로 유지됩니다. 따라서 이 반응은 B를 무시하고 1단계 반응 A → C로 봐도 무방합니다.

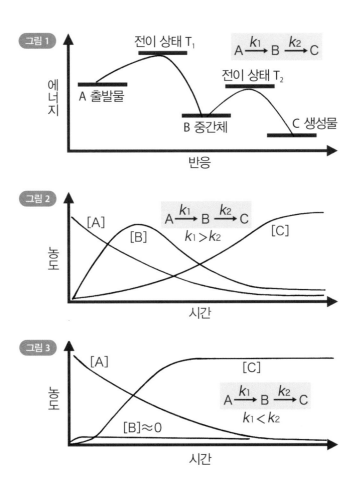

가역 반응과 비가역 반응

반응이 양쪽으로 진행될 수 있는 것을 가역 반응이라고 하고 이와 달리 한 방향으로만 진행되는 것을 비가역 반응이라고 합니다.

1 ▶▶ 가역 반응

반응 A ⇌ B는 참 독특합니다. 화살표를 따라 물질 A는 B로 변화합니다. A는 출발계이고 B는 생성계가 되겠지요? 그런데 거꾸로 화살표를 따라가면 B는 A가 됩니다. 여기서는 A가 생성계고 B가 출발계입니다. 이처럼 반응이 양방향으로 진행되는 것을 보통 가역 반응이라고 합니다. 이때 왼쪽에서 오른쪽으로 진행되면 정반응, 오른쪽에서 왼쪽으로 진행되면 역반응입니다(그림 1). 반면 오직 한 방향으로만 진행되는 반응을 비가역 반응이라고 합니다(그림 2).

2 ▶▶ 가역 반응의 에너지 관계

그림 3은 가역 반응 A ⇌ B의 에너지 관계를 나타낸 것입니다. 보통 A, B의 에너지는 다릅니다. 그러므로 그래프에서 한쪽(정반응 A → B)은 발열 반응, 다른 한쪽(역반응 A ← B)은 흡열 반응입니다. 전이 상태는 모두 T로 같습니다.

활성화 에너지도 일반적으로 정반응과 역반응이 서로 다릅니다. 정반응의 활성화 에너지는 A와 T의 에너지 차이인 E_{a1}입니다. 그런데 역반응의 경우 B와 T의 에너지 차이인 E_{a2}입니다.

그 결과 반응 속도도 정반응과 역반응이 서로 다릅니다. 하지만 6-6에서 보았듯 반응 속도식에서는 활성화 에너지 E_a와 함께 빈도 인자 A도 큰 의미를 갖습니다. 따라서 활성화 에너지가 작은 반응(그래프에서는 정반응)

의 속도가 활성화 에너지가 큰 반응의 속도보다 빠르다고 단언할 수는 없습니다.

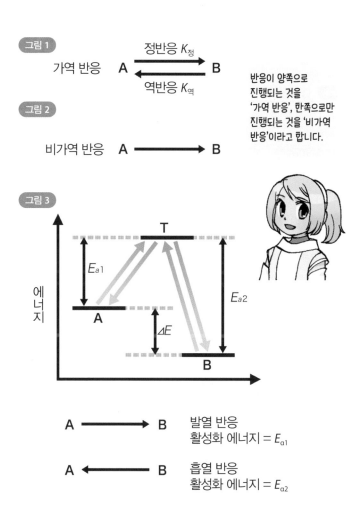

그림 1

가역 반응   A $\xrightleftharpoons[\text{역반응 } K_\text{역}]{\text{정반응 } K_\text{정}}$ B

반응이 양쪽으로
진행되는 것을
'가역 반응', 한쪽으로만
진행되는 것을 '비가역
반응'이라고 합니다.

그림 2

비가역 반응   A $\longrightarrow$ B

그림 3

에너지

E_{a1} E_{a2} ΔE

T   A   B

A $\longrightarrow$ B   발열 반응
활성화 에너지 $= E_{a1}$

A $\longleftarrow$ B   흡열 반응
활성화 에너지 $= E_{a2}$

가역 반응과 평형 반응

가역 반응은 화학 평형이라는 상태를 불러옵니다. 평형 상태는 다양한 화학 분야에 얼굴을 내미는 중요한 현상입니다.

1 ▶▶ 농도 변화

그림 1은 가역 반응 A ⇌ B의 농도 변화입니다. 처음에는 A밖에 없었다고 가정합시다.

반응이 진행될수록 A는 B로 변하므로 [A]는 차츰 감소하고, A가 감소함에 따라 B가 증가합니다. 그런데 B의 농도 [B]가 높아질수록 B에서 A로의 반응 속도 $k_역$[B]가 커집니다. 즉 B에서 A로 돌아오는 속도가 빨라지지요. 그래서 A의 감소 속도는 느려지고 마찬가지로 B의 증가 속도도 느려집니다.

그 결과 반응이 시작되고 어느 정도 시간이 지나면 외관상 농도 [A]와 [B]에 변화가 나타나지 않게 됩니다. 우리는 이 상태를 평형 상태라고 불러요. 그리고 평형 상태를 이루는 반응, 즉 가역 반응을 평형 반응이라고 합니다.

2 ▶▶ 평형 상수

평형 상태는 반응이 일어나지 않는 상태가 아닙니다. 반응은 양쪽으로 일어나고 있어요. 다만 정방향과 역방향의 속도가 같아 겉보기에 변화가 없는 것처럼 보일 뿐입니다. 이것이 평형 상태의 핵심이지요.

강에 뜬 물새는 한 곳에 멈춰 있는 것처럼 보여도 사실 물속에서 열심히 발을 움직이고 있습니다. 앞으로 나아가는 전진 속도와 물의 흐름에 떠밀리는 후퇴 속도의 균형을 유지하지요(그림 2). 평형도 이러한 상태라고 생각하면 이해하기 쉬울 것입니다.

이렇게 평형 상태에서는 정방향과 역방향이 같으므로 식 1이 성립하고 식 1을 변형하면 식 2가 됩니다. 여기서 K를 평형 상수라고 합니다. 정리하자면 평형 상수는 평형을 이루는 성분 A와 B의 농도비이며 반응 속도 상수의 비율입니다. 평형 상수는 온도가 일정하면 항상 일정합니다.

그림 1

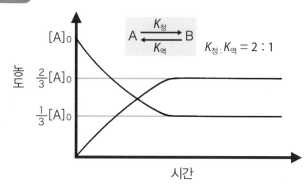

그림 2

가역 반응에서는 반응이 시작된 후 머지않아 외관상의 농도 변화가 사라집니다. 이것을 '평형 상태'라고 합니다.

$$K_\text{정}[\text{A}] = K_\text{역}[\text{B}] \quad (\text{식 1})$$

$$K = \frac{[\text{B}]}{[\text{A}]} = \frac{K_\text{정}}{K_\text{역}} \quad (\text{식 2})$$

제6장 연습 문제

1 반감기를 t라고 할 때, 시간이 $3t$ 지났다면 농도는 처음의 몇 분의 일인지 쓰시오.

2 반응 도중 나타나는 고에너지 상태를 이르는 말과 그 상태에 이르기 위한 에너지를 이르는 말을 각각 쓰시오.

3 가역 반응 시 겉보기에 농도 변화가 없는 상태를 이르는 말을 쓰시오.

4 다단계 반응 도중 나타나는 저에너지 상태를 이르는 말을 쓰시오.

5 수소 분자가 금속 표면에 흡착되어 발생하는 반응성이 높은 상태를 이르는 말을 쓰시오.

6 반응 속도식에 등장하는 상수 중에서 반응 속도의 크기를 나타내는 것을 이르는 말을 쓰시오.

7 속도 상수와 활성화 에너지의 관계를 나타내는 식을 이르는 말을 쓰시오.

정답은 217쪽에 있습니다.

에너지와 엔탈피

1기압일 때 풍선 속에서 화학 반응을 일으켜 봅시다. 그러면 발열 반응으로 인해 에너지 E와 기체가 발생하고 풍선은 부풀어 오르겠지요. 이것은 반응계가 외부에 일 W를 한 것입니다. 그렇다면 그 계가 외부에 가한 에너지는 얼마일까요? 화학 열역학에서는 이를 엔탈피 H라고 합니다.

반응계와 외부

어떠한 관심이 미치는 영역을 계라고 합니다. 계는 관심 범위에 따라 어항으로 한정될 수도 있고 우주로 확장될 수도 있습니다(그림 3, 그림 4).

1 ▶▶ 분자 집단의 성질

지금까지는 분자 한 개가 가진 에너지를 중점적으로 살펴보았습니다(그림 1). 그런데 물질의 성질은 분자 한 개의 성질로 유추 가능한 것만 있는 것이 아닙니다. 예를 들어 녹는점은 고체의 결정이 무너져 액체가 되는 온도를 말하는데, 알다시피 물의 녹는점은 섭씨 0도입니다(그림 2). 물의 녹는점은 물 분자를 아무리 자세히 연구해도 절대 알아낼 수 없습니다. 왜냐하면 분자 하나로는 결정을 만들 수 없기 때문입니다.

그러므로 이제부터는 분자 집단의 에너지를 살펴보겠습니다.

2 ▶▶ 계

분자 집단을 연구할 때, 일종의 단위처럼 자주 등장하는 것이 계라는 용어입니다. 계에는 '상호 작용하는 물질의 집합'이라는 의미도 있지만 '논의할 거리로 삼고 있는 사고의 범위'라는 의미도 있습니다. 따라서 계는 어떤 문제를 다루느냐에 따라 작아질 수도 커질 수도 있답니다. 예를 들어 '금붕어의 물질대사'를 생각할 때는 금붕어가 든 어항이 계이고 '빅뱅에 의한 물질 창조'를 생각할 때는 우주가 계입니다.

3 ▶▶ 고립계

계를 제외한 세계를 외계라고 합니다. 어떤 계가 외계를 상대로 물질 또는 에너지 교환과 같은 상호 작용을 전혀 하지 않을 때 우리는 그 계를 고립계라고 불러요. 고립계와 반대되는 것은 열린계입니다.

같은 계일지라도 생각하는 문제가 무엇이냐에 따라 고립계가 될 수도 있고 열린계가 될 수도 있어요. 예를 들어 금붕어의 호흡을 생각할 때 어항은 외부와의 산소 교환이 필요하므로 열린계입니다. 하지만 금붕어에게 준 먹이의 무게와 금붕어 무게의 관계를 연구할 때의 어항은 고립계지요.

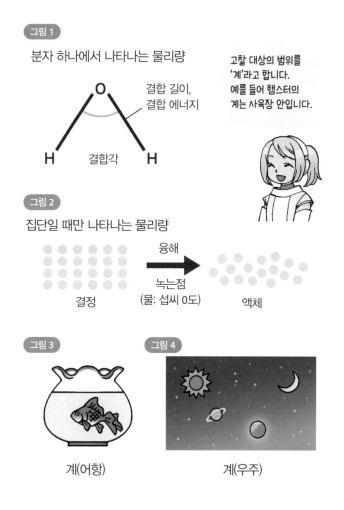

그림 1

분자 하나에서 나타나는 물리량

O
결합 길이,
결합 에너지

H   결합각   H

고찰 대상의 범위를 '계'라고 합니다. 예를 들어 햄스터의 계는 사육장 안입니다.

그림 2

집단일 때만 나타나는 물리량

결정

융해

녹는점
(물: 섭씨 0도)

액체

그림 3

계(어항)

그림 4

계(우주)

열역학 제1법칙

'고립계에서는 에너지가 보존된다'. 이것을 열역학 제1법칙이라고 합니다.

1 ▶▶ 열역학

물질 변화와 에너지 변화의 관계를 설명하는 연구 분야를 화학 열역학이라고 합니다. 그 범위는 매우 넓어서 살펴본 것처럼 분자 하나하나의 변화에 얽힌 에너지 변화뿐만 아니라 우주의 물질 변화부터 그와 관련된 에너지 변화까지 에너지에 관한 모든 현상을 다룹니다.

그런 화학 열역학의 세계에는 중요한 법칙이 세 가지 있는데 각각 열역학 제1, 제2, 제3법칙으로 불립니다.

2 ▶▶ 열역학 제0법칙

그 세 가지에 제0법칙을 더해 네 가지로 정리하기도 합니다. 제0법칙은 다음과 같습니다.

A와 B, B와 C의 온도가 같다면 A와 C의 온도도 같다*

우리 경험상 너무나 당연하게 들리지요? 하지만 이는 온도계의 타당성을 보장하는 법칙이므로 우습게 생각해서는 안 됩니다.

방 A의 온도와 온도계 B의 온도(지표)가 같고 지표인 온도계의 온도와 방 C의 온도가 같다면 방 A와 C의 온도는 같다는 것이 제0법칙의 내용입니다. 그러므로 온도계가 있으면 모든 방의 온도가 같다고 주장할 수 있습니다.

3 ▶▶ 열역학 제1법칙

열역학 제1법칙은 다음과 같습니다.

---

* 만약 A가 B와 열평형 상태에 있고 B와 C가 열평형 상태에 있다면, A와 C는 열평형이다.

에너지(E)와 질량(m)은 빛의 속도(c)를 이용하면 아인슈타인의 식 1로 변환할 수 있으므로 열역학 제1법칙은

고립계의 질량은 변하지 않는다

라고 바꿀 수 있습니다. 다이어트를 하는 사람에게는 참 가혹한 말이네요.

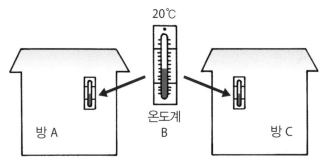

방 A와 방 C의 온도는 모두 섭씨 20도이다.

$$E=mc^2 \qquad \text{(식 1)}$$

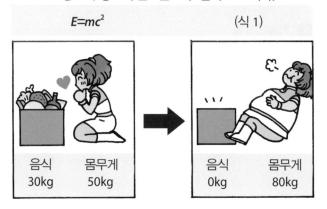

기체 분자의 비행 속도

기체 분자는 빠른 속도로 운동합니다. 기체 분자의 비행 속도와 운동 에너지는 어떤 관계일까요?

1 ▶▶ 분자의 비행 속도

앞에서는 계속 분자의 결합 에너지나 전자 에너지 같은 분자의 정적 에너지만 살펴보았습니다. 이번에는 기체 분자의 운동 에너지라는 동적 에너지를 살펴보려고 합니다. 기체 분자는 빠른 속도로 비행하는데, 이 운동 에너지를 구하려면 먼저 비행 속도를 알아야 합니다.

분자의 비행 속도를 C라고 합시다. C를 세 가지 축 x, y, z에 대한 세 가지 성분(벡터) ν_x, ν_y, ν_z로 나눠 생각하면 오른쪽 그림과 같은 관계가 되어 식 1이 성립합니다. 여러 분자에 대해 생각하면 ν_x, ν_y, ν_z는 서로 같아야 하므로 식 2가 성립합니다(만약 ν_x만 크다면 모든 분자는 x 방향에 모이게 되지만 그렇게 될 리는 없어요!).

2 ▶▶ 기체의 압력

압력 P는 벽에 충돌한 분자의 운동량 변화라고 생각할 수 있습니다. 그러므로 분자량 M을 갖고 속도 ν_x로 운동하는 분자의 충돌에 의한 운동량은, 충돌하여 방향이 역전되면 $M\nu_x$에서 $-M\nu_x$가 됩니다. 따라서 충돌에 의한 운동량의 두 배인 $2M\nu_x$입니다.

한편 단위부피 즉, 한 변이 1인 정육면체에 들어 있는 분자가 단위시간 동안 한쪽 벽에 충돌하는 횟수는 $\dfrac{\nu_x}{2}$입니다. 따라서 압력은 식 3의 $M\nu_x{}^2$입니다.

3 ▶▶ 기체 분자의 비행 속도

기체의 상태 방정식(식 4)에 의해 압력은 식 5가 됩니다. 여기서 부피 V를 단위 부피($V=1$)라고 하면 식 6이 됩니다. 그리하여 식 3과 식 6을 정리하면 식 7이 되고 여기에서 속도 C를 구하면 식 8을 얻을 수 있습니다.

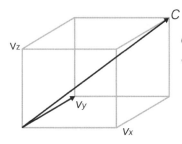

$$C^2 = v_x^2 + v_y^2 + v_z^2 \quad \text{(식 1)}$$
$$v_x^2 = v_y^2 = v_z^2 = C^2/3 \quad \text{(식 2)}$$

기체 분자는 빠른 속도로 날아다닙니다. 그 분자가 벽을 누르는 힘이 '압력'으로 나타납니다.

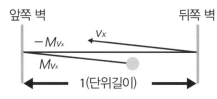

앞쪽 벽   뒤쪽 벽

$-Mv_x$ v_x

Mv_x

1(단위길이)

$$P = 2Mv_x \cdot \frac{v_x}{2} = Mv_x^2 = \frac{1}{3}MC^2 \quad \text{(식 3)}$$
$$PV = nRT \quad \text{(식 4)}$$
$$P = (nRT)V \quad \text{(식 5)}$$
$$\quad = nRT \quad \text{(식 6)}$$
$$P = nRT = \frac{1}{3}MC^2 \quad \text{(식 7)}$$
$$C = \left(\frac{3RT}{M}\right)^{1/2} \quad \text{(식 8)}$$

기체 분자의 운동 에너지

기체 분자의 비행 속도를 알았으니 이제 기체 분자의 운동 에너지를 구해 볼까요?

1 ▶▶ 비행 속도와 온도, 질량

식 1은 앞에서 구한 방향 속도 식 8을 온도 T를 상수 취급($\sqrt{3RT}=k$)하여 고쳐 쓴 것입니다. 비행 속도는 분자량의 루트 값(분자의 질량에 비례)에 반비례함을 알 수 있습니다. 그림 1은 비행 속도와 질량의 관계를 나타낸 것입니다. 분자량이 2인 수소에 비하면 분자량이 32인 산소는 비행 속도가 $\frac{1}{4}$에 불과합니다.

식 2는 비행 속도와 절대 온도의 관계를 나타낸 것입니다. 비행 속도는 절대 온도의 루트 값에 비례함을 알 수 있습니다. 그림 2는 그 관계를 그래프로 나타낸 것입니다. 다만 그래프의 온도 단위는 섭씨입니다. 이 그래프를 통해 실온 부근에서는 온도 변화가 속도에 별로 영향을 주지 않음을 알 수 있습니다.

2 ▶▶ 기체 분자의 운동 에너지

식 3은 분자량 M, 비행 속도 C로 비행하는 분자의 운동 에너지 E_k입니다. 앞서 얻은 식 8을 C에 대입하면 식 4가 됩니다.

식 4는 놀라울 정도로 단순합니다. R은 기체 상수이므로 변수는 절대 온도 T뿐입니다. 따라서 분자의 종류는 물론이고 분자량, 압력과도 전혀 상관없답니다. 그저 기체의 비행 속도는 그저 절대 온도 T에만 비례할 뿐이에요.

실온(섭씨 27도, 절대 온도 300K)으로 계산하면 그 값은 몰 당 3.7킬로줄(kJ/mol)입니다. 즉, 분자의 종류와 상관없이 모든 분자는 3.7kJ/mol의 운동 에너지로 날아다니는 셈입니다.

앞에서 속도의 세 가지 성분은 모두 같음을 확인했습니다. 마찬가지로 운동 에너지의 세 가지 성분, 즉 x, y, z축에 대한 운동 에너지도 모두 같습니다. 이를 총운동 에너지 E_k의 $\frac{1}{3}$, 즉 식 5와 같이 나타낼 수 있어요. 이것을 1자유도당 운동 에너지라고 합니다.

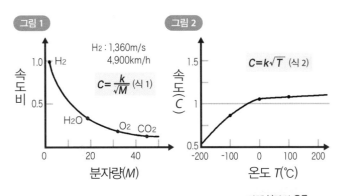

그림 1

속도비

H$_2$: 1,360m/s
4,900km/h

$C=\dfrac{k}{\sqrt{M}}$ (식 1)

H$_2$

H$_2$O   O$_2$ CO$_2$

0   20   40

분자량(M)

그림 2

속도(C)

$C=k\sqrt{T}$ (식 2)

-200   -100   0   100   200

온도 T(℃)

$$E_k = \frac{1}{2}\,MC^2 \qquad \text{(식 3)}$$
$$= \frac{1}{2}\,M\left\{\left(\frac{3RT}{M}\right)^{1/2}\right\}^2$$
$$= \frac{3}{2}\,RT \qquad \text{(식 4)}$$

기체 분자의 운동 에너지 E_k는 분자의 종류와 상관없이 $3RT/2$입니다.

$$\frac{3}{2} \times 8.3\,(\mathrm{kJK^{-1}mol^{-1}}) \times 300\,\mathrm{K} = 3.7\,(\mathrm{kJ/mol})$$

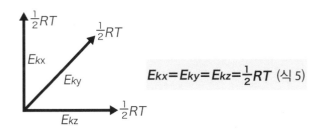

$\frac{1}{2}RT$

$\frac{1}{2}RT$

E_{kx}

E_{ky}

E_{kz}

$\frac{1}{2}RT$

$$E_{kx} = E_{ky} = E_{kz} = \frac{1}{2}RT \quad \text{(식 5)}$$

여러 가지 변화

화학 변화에는 물질 변화 측면과 에너지 변화 측면이 있습니다. 에너지 변화 측면에서 보면 화학 변화는 몇 가지 종류로 나눌 수 있습니다.

1 ▶▶ 내부 에너지

5-2에서 분자에는 내부 에너지가 있다고 했습니다. 그런데 계에도 내부 에너지가 있어요. 계를 구성하는 모든 요소의 총에너지를 내부 에너지 U라고 합니다.

고립계 이외의 계에는 에너지나 물질의 출입이 일어납니다. 열역학에서는 그런 출입의 방향에 다음과 같은 규칙이 있습니다(그림 1).

> 계로 들어가는 것은 +, 계에서 나오는 것은 −로 간주한다

2 ▶▶ 단열 변화

변화를 에너지 측면에서 보면 반응은 크게 단열 변화와 등온 변화로 나눌 수 있습니다.

단열 변화란 계에 열(에너지)의 출입이 끊긴 상태에서 일어나는 변화를 말합니다. 따라서 계가 외부에 일 W를 하면($W < 0$) 계의 내부 에너지 U는 감소($\Delta U < 0$)하고 계의 온도는 내려갑니다. 이런 반응의 예로 단열 팽창이 있습니다.

반대로 계가 외부의 일을 받으면($W > 0$) 내부 에너지가 증가($\Delta U > 0$)하여 온도가 상승합니다. 그 예로 단열 압축이 있습니다(그림 2). 습윤한 바람이 높은 산을 넘어 고온 건조한 바람이 되어 부는 푄 현상이 단열 압축에 의한 것입니다.

3 ▸▸ 등온 변화

변화의 모든 과정에 걸쳐 온도 변화가 없으면 등온 변화라고 합니다. 변화가 일어나면 보통 계의 내부 에너지가 변화하고 그에 따라 계의 온도도 변화합니다. 만약 온도가 변화하지 않는다면 내부 에너지의 변화를 보충하는 에너지가 외부로부터 공급되고 있기 때문입니다(그림 3).

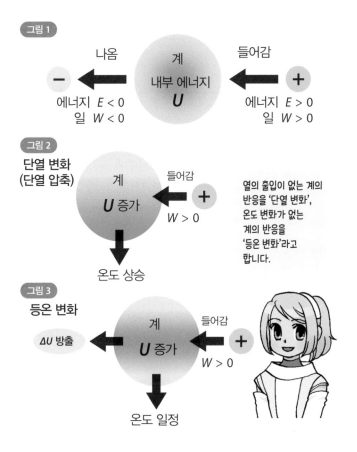

그림 1

나옴   계   들어감
내부 에너지
U

에너지 $E < 0$ 에너지 $E > 0$
일 $W < 0$ 일 $W > 0$

그림 2
단열 변화
(단열 압축)

계
U 증가

들어감
$W > 0$

온도 상승

열의 출입이 없는 계의
반응을 '단열 변화',
온도 변화가 없는
계의 반응을
'등온 변화'라고
합니다.

그림 3
등온 변화

ΔU 방출 ◂ 계
U 증가

들어감
$W > 0$

온도 일정

등압 변화와 등적 변화

일정한 부피에서 진행되는 변화를 등적 변화, 일정한 압력에서 진행되는 변화를 등압 변화라고 합니다. 일반적으로 일어나는 반응은 1기압(1atm)에서 진행되는 등압 변화입니다.

1 ▶▶ 등적 변화

굉장히 드문 일이지만 철제 가스통 안에서 반응이 일어난다고 가정해 봅시다. 반응으로 기체가 발생해도 가스통의 부피는 변하지 않습니다. 그저 내부 기압만 높아질 뿐이지요. 또 반응으로 열이 발생해서 가스통 안의 온도가 올라가도 내부의 기체는 팽창하지 않아 내부의 부피(용적)는 일정하게 유지됩니다. 이런 변화를 일반적으로 등적 변화라고 합니다.

간단히 말해 등적 변화에서 계는 외부에 일 W를 할 수 없습니다. 따라서 계의 내부 에너지 U는 원래 상태를 유지합니다(그림 1).

$$\Delta U = 0$$

2 ▶▶ 등압 변화

이번에는 풍선 안에서 반응이 일어난다고 가정해 봅시다. 반응으로 기체가 발생하면 그만큼 풍선이 부풀 것입니다. 그리고 반응으로 열이 발생하면 풍선 내부의 기체는 데워져 팽창하겠지요. 동시에 풍선의 부피도 그만큼 팽창합니다(그림 2).

이것은 풍선 안팎의 기압이 모두 1기압으로 일정(이때 고무에 의한 수축력은 무시합니다)하기 때문입니다. 이처럼 일정한 기압에서 진행되는 반응을 보통 등압 반응이라고 합니다.

우리는 평소 1기압인 환경에서 생활합니다. 따라서 일상에서 경험하는 여러 가지 변화, 또는 실험실에서 일어나는 화학 반응은 모두 1기압이라는 일정한 압력 속에서 이루어지는 등압 반응이라고 할 수 있습니다.

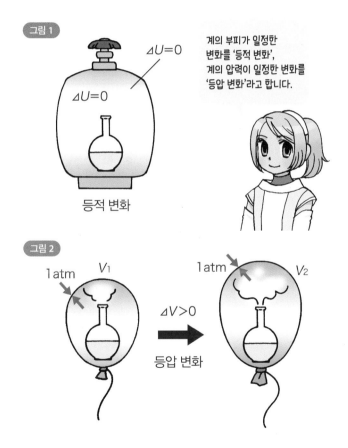

그림 1

$\Delta U=0$

$\Delta U=0$

등적 변화

계의 부피가 일정한 변화를 '등적 변화', 계의 압력이 일정한 변화를 '등압 변화'라고 합니다.

그림 2

1atm V_1

1atm V_2

$\Delta V>0$

등압 변화

엔탈피

등압 변화에서는 부피 변화가 따릅니다. 그래서 내부 에너지 변화량에 부피 변화로 인한 에너지 변화량을 더해 에너지로 사용합니다. 이것을 엔탈피라고 합니다.

1 ▶▶ 부피 변화에 따르는 일의 양

등압 변화에서는 부피가 변화합니다. 일정한 압력을 유지하기 위해 발생하는 당연한 결과입니다. 부피 변화도 일입니다. 등압이라는 이유만으로 내부 에너지 변화 ΔU의 일부를 부피 변화라는 일 W에 사용하게 되지요. 등압 변화의 숙명이라고나 할까요.

부피 변화와 일의 양이 어떤 관계인지 생각해 봅시다. 우선 일 W는 힘 F와 거리 l의 곱셈으로 나타납니다. 즉 물체에 힘 F를 가해 거리 l만큼 움직였을 때의 W는 $W=Fl$이 됩니다(식 1).

풍선이 압력 P일 때 부피 ΔV만큼 팽창했다고 가정합시다. P는 힘 F가 단위 면적을 미는 힘으로 식 2로 나타낼 수 있어요. 따라서 P와 ΔV를 곱하면 일 W는 식 3으로 표현됩니다.

2 ▶▶ 엔탈피

이번에는 계에 열 Q를 가해 봅시다. 풍선은 데워지고 풍선의 내부 에너지 U는 증가합니다. 그와 동시에 내부의 기체가 팽창하여 풍선도 팽창합니다. 풍선이 팽창했다는 것은 외부에 일 W를 했다는 뜻입니다. 즉 계는 외부에서 받은 열 Q의 일부를 일 W로 되돌려 준 셈이지요.

그 결과 계가 실제로 내부에 축적한 내부 에너지 ΔU는 식 4가 됩니다. 일 W는 식 5로 주어져 식 6을 도출할 수 있습니다. 그 식을 Q에 대해 정리하면 식 7이 됩니다. 여기서 식 8처럼 Q를 ΔH로 고쳐 쓰고 H를 엔탈피라고 부르겠습니다.

　엔탈피는 등압 변화일 때 계에 가해진 열량의 총합을 의미하는 양입니다.

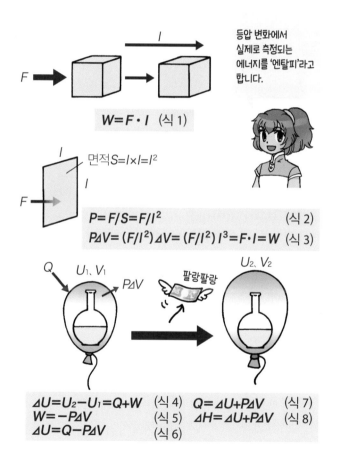

등압 변화에서 실제로 측정되는 에너지를 '엔탈피'라고 합니다.

$$W = F \cdot l \quad \text{(식 1)}$$

면적 $S = l \times l = l^2$

$$P = F/S = F/l^2 \quad \text{(식 2)}$$
$$P\Delta V = (F/l^2)\,\Delta V = (F/l^2)\,l^3 = F \cdot l = W \quad \text{(식 3)}$$

Q　U_1, V_1　$P\Delta V$　팔랑팔랑　U_2, V_2

$$\Delta U = U_2 - U_1 = Q + W \quad \text{(식 4)}$$
$$W = -P\Delta V \quad \text{(식 5)}$$
$$\Delta U = Q - P\Delta V \quad \text{(식 6)}$$

$$Q = \Delta U + P\Delta V \quad \text{(식 7)}$$
$$\Delta H = \Delta U + P\Delta V \quad \text{(식 8)}$$

몰 열용량

분자 1몰의 온도를 절대 온도에서 1도 높이는 데 드는 에너지를 몰 열용량이라고 합니다. 말하자면 물질의 비열 같은 것입니다.

1 ▶▶ 몰 열용량

물질 중에는 구리나 철처럼 달구면 금세 뜨거워지는 것도 있는가 하면 단열재처럼 아무리 달궈도 잘 뜨거워지지 않는 것도 있습니다. 전자는 비열이 작고 후자는 비열이 크다고 말하지요.

분자의 비열에 해당하는 것, 즉 분자 1몰의 온도를 절대 온도에서 1도 높이는 데 필요한 열량을 몰 열용량 C라고 하고 식 1로 정의합니다. 이것은 물질의 비열에 대한 정의와 비슷합니다.

등적 변화에서 열량은 내부 에너지이므로 식 1은 식 2가 됩니다. 이것을 등적 몰 열용량 C_V라고 합니다.

한편 등압 변화에서 열량(에너지)은 엔탈피 H이므로 식 3이 되고 등압 몰 열용량 C_p라고 합니다. 여기에 앞의 식 8($\Delta V=\Delta U+P\Delta V$)을 대입하면 식 4가 됩니다. 또 $P\Delta V$ 항은 기체의 상태 방정식(7-3의 식 4, $PV=nRT$)을 쓰면 $R\Delta T$가 되고, 이를 식 4에 대입하면 식 5를 유도할 수 있어요. 즉 등적 몰 열용량과 등압 몰 열용량에서 다른 것은 기체 상수 R뿐입니다.

2 ▶▶ 열용량과 운동 에너지

분자는 다양한 에너지를 가지고 있으며 운동 에너지(병진 에너지) 이외의 모든 에너지는 양자화되어 있습니다. 그 에너지 준위 간격은 5-4에서 보았듯 회전 < 진동 < 전자의 순서로 커집니다.

열용량에서 문제가 되는 에너지는 크기가 작아 진동 에너지 준위 사이를 이동할 수 없습니다. 그러므로 열용량에 나타나는 것은 운동 에너지와 진동 에너지뿐입니다. 운동 에너지에 7-4의 식 4($Ek=3RT/2$)를 대입하면 등적 몰 열용량은 식 6이 됩니다.

　아래의 표는 분자가 가진 자유도와 열용량의 관계를 나타낸 것입니다.

분자 1몰의 온도를 1도 높이는 데 필요한 에너지를 '몰 열용량'이라고 합니다.

$$C = \frac{Q}{\Delta T} \qquad \text{(식 1)}$$

등적 몰 열용량　$$C_v = \frac{\Delta U}{\Delta T} \qquad \text{(식 2)}$$

등압 몰 열용량　$$C_p = \frac{\Delta H}{\Delta T} \qquad \text{(식 3)}$$

$$= \frac{\Delta U + P\Delta V}{\Delta T} \qquad \text{(식 4)}$$

$$= \frac{\Delta U + R\Delta T}{\Delta T}$$

$$= C_v + R \qquad \text{(식 5)}$$

$$C_v = \frac{\Delta(\ \text{운동 에너지}\ )}{\Delta T} = \frac{\left(\dfrac{R\Delta T}{2} \times \text{자유도}\right)}{\Delta T}$$

$$= \frac{R}{2} \times \text{자유도} \qquad \text{(식 6)}$$

		자유도			열용량	
		병진	회전	합계	C_v	C_p
단원자 분자	●	3	0	3	$3R/2$	$3R/2$
이원자 분자	●─●	3	2	5	$5R/2$	$7R/2$
삼원자 분자	△	3	3	6	$3R$	$4R$

열화학 방정식

화학 반응에서 분자 구조의 변화뿐만 아니라 에너지 변화도 나타낸 반응식을 열화학 방정식이라고 합니다.

1 ▶▶ 화학 반응식

화학 반응에서 출발물과 생성물의 관계를 표현한 식을 일반적으로 반응식이라고 합니다.

반응식의 경우 출발물이 무엇이고 생성물이 무엇인지 드러나지만, 그 양적인 관계가 항상 분명하지는 않아요. 오른쪽 페이지 반응식 1에서는 두 개의 수소 분자와 한 개의 산소 분자로부터 두 개의 물 분자가 만들어진 것을 볼 수 있습니다. 좌변과 우변의 물질량이 균형을 이루고 있지요.

그런데 반응식 2는 그런 균형이 무시된 상태입니다. 이 반응식이 의미하는 바는 (1) 에탄올을 가열하면 (2) 에틸렌 '또는' (3) 다이에틸에테르가 생성된다는 것입니다. 결코 '한' 분자의 에탄올에서 '한' 분자의 에틸렌 '또는' '한' 분자의 다이에틸에테르가 생성된다는 모순된 내용이 아닙니다.

2 ▶▶ 열화학 방정식

열화학 방정식은 일반 화학 반응식과 달리 좌변과 우변의 물질이 균형을 이루는 반응식, 즉 방정식입니다. 그래서 일반 반응식은 양변을 화살표(→)로 연결하는데 열화학 방정식은 등호(=)로 연결합니다.

균형을 이루는 것은 물질뿐만이 아닙니다. 에너지(열)도 마찬가지입니다. 열화학 방정식이라고 불리는 이유지요. 예를 들어 반응식 3은 수소 1몰과 산소 $\frac{1}{2}$몰이 반응하면 물 1몰과 함께 에너지 몰당 241.8킬로줄(kJ/mol)이 발생함을 뜻합니다.

나중에 설명하겠지만 물질의 에너지는 물질의 상태, 즉 기체인지 액체인지 고체인지에 따라서도 달라지므로 열화학 방정식은 각 성분의 상태도 함께 나타내야 합니다.

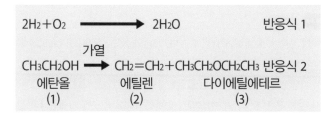

생성된 것은 무엇일까?

CH_3CH_2OH

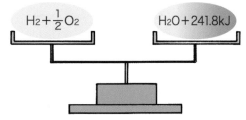

$$H_2 (기) + \frac{1}{2}O_2 (기) = H_2O (기) + 241.8kJ$$

반응식 3

물질 변화뿐만 아니라 상태 변화나 에너지 변화도 나타낸 반응식을 '열화학 방정식'이라고 합니다.

상태량과 헤스의 법칙

물질의 상태를 알면 그 이력과 무관하게 알 수 있는 양을 상태량이라고 합니다. 상태량에는 헤스의 법칙이 적용됩니다.

1 ▶▶ 상태량

기체의 부피 V에 대해 생각해 봅시다. 기체의 상태 방정식 $PV=nRT$에 따라 압력 P와 절대 온도 T를 알면 항상 V도 알 수 있습니다. 그 기체가 0.5기압에서 가압된 것이든 2기압에서 감압된 것이든 상관없습니다.

다시 말해 $V=V(P, T)$ '부피는 압력에 반비례하고 온도에 비례한다'라는 사실만 알면 그 상태에 도달하기까지 거친 경로와 무관하게 기체의 부피를 알 수 있다는 의미입니다. 이러한 양을 일반적으로 상태량이라고 해요(그림 1). 온도와 압력, 농도, 밀도 등이 상태량에 해당하지요.

상태량이 아닌 양에는 일의 양이 있습니다(그림 2). 같은 상태에 도달한다고 해도 어떤 경로를 거쳤는가에 따라 일의 양이 달라집니다. 가파른 계단을 급히 오르는 경우와 완만한 비탈을 천천히 오르는 경우를 비교하면 쉽게 이해할 수 있습니다.

2 ▶▶ 헤스의 법칙

분자의 에너지도 상태량의 일종입니다. 그러므로 상태만 알면 중간 과정과는 무관하게 에너지도 알 수 있습니다.

화학에서 중간 과정이란 반응을 의미합니다. 즉 분자와 그 상태를 알면 어떤 반응으로 합성되었든 간에 그 에너지를 알 수 있는 셈입니다. 알기 쉽게 그림으로 살펴볼까요?

분자와 분자의 상태 Ⅰ, Ⅱ를 알면 과정 A, B, C…와 무관하게 각각의 에너지와 그 차이를 알 수 있습니다(그림 3). 이를 발견자인 스위스 화학자 헤스의 이름을 따 헤스의 법칙이라고 합니다.

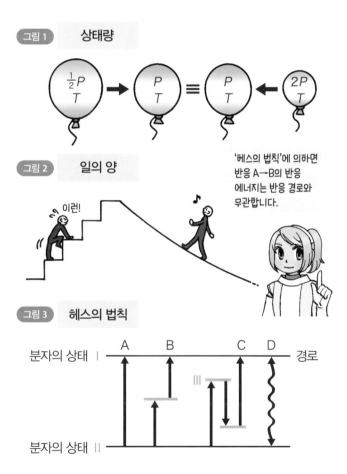

그림 1 상태량

그림 2 일의 양

이런!

'헤스의 법칙'에 의하면 반응 A→B의 반응 에너지는 반응 경로와 무관합니다.

그림 3 헤스의 법칙

분자의 상태 Ⅰ ─── A   B   C   D ─── 경로

Ⅲ

분자의 상태 Ⅱ ───────────

헤스의 법칙 응용

앞에서 본 헤스의 법칙을 이용하면 실제로 실험하지 않더라도 반응열을 구할 수 있습니다. 예를 통해 살펴봅니다.

1 ▶▶ 흑연을 다이아몬드로 바꾸는 에너지

당연히 다이아몬드는 매우 비쌉니다. 그러나 연필심에 쓰이는 흑연은 저렴하지요. 가격 차이는 잠깐 뒤로 하고, 다음 문제를 생각해 봅시다. 이 둘의 내부 에너지 차이는 얼마나 될까요? 아니면 흑연을 다이아몬드로 바꿀 경우 얼마만큼의 에너지가 필요할까요?

이런 의문에 직접 답하고 싶다면 흑연을 다이아몬드로 바꿔 에너지를 측정하면 되겠지만 학교 실험실에서는 불가능한 일입니다. 그럴 때 헤스의 법칙을 이용하면 간단히 해결할 수 있습니다. 다만 고가의 다이아몬드를 태우는 희생이 따르겠지요.

그림 1은 그 에너지 관계를 나타낸 그림입니다. 흑연과 다이아몬드의 연소열을 측정하고 이산화 탄소를 기준으로 그 값을 비교한 것뿐입니다. 그에 따르면 흑연과 다이아 몬드 각 1몰(12그램, 60캐럿)의 에너지 차이는 1.89 킬로줄, 즉 물 1리터의 온도를 0.5도만큼 높일 때의 에너지에 해당합니다. 다이아몬드와 흑연의 차이는 별것 아니었습니다.

2 ▶▶ 메탄의 생성열

그렇다면 탄소와 수소로 메탄(CH_4)을 만드는 데는 얼마만큼의 에너지(생성열)가 필요할까요?

이 또한 헤스의 법칙을 이용하면 간단히 해결할 수 있답니다. 다만 연소열 데이터가 필요한데 그것은 그림 2에 나와 있습니다. 반응의 에너지 관계는 그림과 같습니다. 그로부터 ΔH를 구하면 몰당 74.9킬로줄(kJ/mol)입니다. 즉 가정에 공급되는 천연가스인 메탄가스 16그램(1몰)을 만드는 데는 약 75킬로줄의 에너지가 필요한 셈이에요. 그와 반대로 태울 때는 약 890킬로줄의 에너지를 손에 넣을 수 있지요.

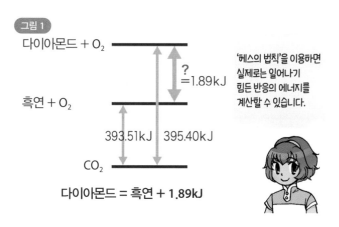

그림 1

다이아몬드 + O_2

$?$
$= 1.89 kJ$

흑연 + O_2

'헤스의 법칙'을 이용하면
실제로는 일어나기
힘든 반응의 에너지를
계산할 수 있습니다.

393.51kJ   395.40kJ

CO_2

다이아몬드 = 흑연 + 1.89kJ

$$C(흑연) + O_2 = CO_2(기) \qquad \Delta H_1 = 393.5 kJ/mol$$
$$H_2(기) + \frac{1}{2}O_2 = H_2O(액) \qquad \Delta H_2 = 285.8 kJ/mol$$
$$CH_4(기) + 2O_2 = CO_2(기) \qquad \Delta H_3 = 890.2 kJ/mol$$

그림 2

$C + 2H_2 + 2O_2$

$\Delta H = 74.9 kJ$

CH_4

$\Delta H_1 + 2\Delta H_2$
$= 965.1 kJ$

$\Delta H_3 = 890.2 kJ$

$CO_2 + 2H_2O$

제7장   연습 문제

1 다음 문장 중, 틀린 부분이 있을 경우 바르게 고치세요.

A : 고립계란 물질이나 에너지를 외부와 교환하지 않는 계를 말한다.

B : A와 B, B와 C의 온도가 같더라도 A와 C의 온도는 다를 수 있다.

C : 기체의 온도, 압력, 농도의 관계를 나타낸 식을 기체의 상태 방정식 이라고 한다.

D : 기체의 비행 속도는 루트 분자량에 비례한다.

E : 기체의 비행 속도는 절대 온도의 제곱에 비례한다.

F : 단열 팽창에서 계의 내부 에너지는 증가한다.

G : 등적 변화에서 계의 내부 에너지는 변화하지 않는다.

H : 등압 변화의 에너지 변화는 엔트로피로 나타난다.

I : 분자 1몰의 온도를 1도 높이는 데 필요한 에너지를 비열이라고 한다.

J : 열화학 방정식에서는 분자의 변화에 더해 에너지와 상태의 변화 등도 나타낸다.

K : 헤스의 법칙을 이용하면 실험이 힘든 반응의 반응 에너지를 구할 수 있다.

정답은
217쪽에
있습니다.

엔트로피

잘 정돈된 방도 학교에서 돌아온 아이가 머물면 차마 볼
수 없을 만큼 무질서한 상태가 됩니다. 자연현상도 마찬
가지라서 가지런한 상태는 머지않아 무질서한 상태가 됩
니다. 그 '무질서함'을 나타내는 척도가 엔트로피 S입니다.
말하자면 모든 자연현상은 엔트로피가 증가하는 방향으
로 변화하는 셈입니다.

8-1

질서 정연한 상태와 무질서한 상태

물질의 집합 상태는 질서 정연하게 정리된 상태와 무질서하게 방치된 상태로 나뉩니다. 질서 정연함과 무질서함은 화학 반응에서도 중요한 의미를 갖습니다.

1 ▶▶ 질서와 무질서

질서 정연한 상태와 무질서한 상태는 일상생활에서 흔히 볼 수 있습니다.

고체 결정은 많은 분자가 일정한 위치에서 일정한 방향으로 쌓여 질서를 유지합니다. 그러다 온도가 올라가면 결정이 무너져 액체나 기체로 변하고, 모든 분자는 각기 다른 위치에서 서로 다른 방향으로 움직여 무질서해집니다.

1500년 전 로마의 수도는 장엄하고 아름다운 건축물과 하수도 시설까지 정비되어 있는, 번듯한 행정 조직을 갖춘 질서 정연한 대도시였습니다. 하지만 지금은 완전히 폐허가 되어 돌덩이가 무질서하게 굴러다닙니다.

2 ▶▶ 무질서의 유혹

교실을 생각해 보세요. 학생들이 의자에 반듯하게 앉아 모두 앞을 보고 수업을 듣습니다. 물론 몰래 딴짓을 하는 친구도 있겠지만 참 질서 정연한 상태예요.

그런데 수업의 끝을 알리는 종이 울리자 학생들은 자리에서 일어나 큰 소리로 떠들기 시작합니다. 이것은 매우 무질서한 상태로 자연계에서는 좀처럼 보기 어렵습니다. 이에 비하면 수업 시간은 그나마 질서 정연한 상태에 가까웠다고 할 수 있겠지요.

끝없이 질서 정연한 쪽에서 무질서한 쪽으로 흘러가는 것은 자연계도 마찬가지입니다. 자연계는 항상 무질서한 쪽으로 변화합니다.

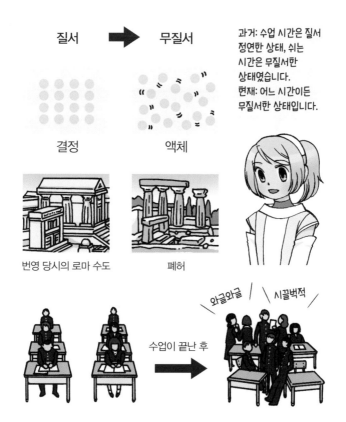

질서 ➡ 무질서

결정   액체

과거: 수업 시간은 질서 정연한 상태, 쉬는 시간은 무질서한 상태였습니다.
현재: 어느 시간이든 무질서한 상태입니다.

번영 당시의 로마 수도   폐허

와글와글   시끌벅적

수업이 끝난 후

무질서함과 엔트로피

무질서함을 나타내는 지표로 엔트로피 S를 사용합니다. 엔트로피는 부피와 관련이 있다고 볼 수 있습니다.

1 ▶▶ 기체의 확산

기체가 확산되는 모습을 상상해 봅시다. 부피가 $2V$인 큰 방이 있습니다. 그 중앙을 판으로 막아 각각 부피가 V인 작은 방 A, B를 만듭니다. 그 후 A에는 기체를 넣고 B는 진공 상태로 둡니다.

중앙의 칸막이 판을 치우면 어떻게 될까요? 당연히 기체는 A에서 B로 퍼집니다. 그리고 얼마 후에는 A, B 모두 기체로 가득 찹니다(그림 1).

즉 기체가 든 방과 진공인 방으로 나뉜 질서 정연한 상태에서 두 방이 뒤섞인 무질서한 상태로 변화한 셈입니다.

2 ▶▶ 엔트로피의 표현

위의 현상은 부피가 V인 작은 방에서 부피가 $2V$인 큰 방으로 기체를 확산시키면 계의 무질서함이 증가함을 의미합니다.

좀 더 간단히 정리해 볼까요? a라는 기체 분자가 하나 있습니다. 기체가 작은 방 A에 들어 있을 때 a는 당연히 A에 있을 수밖에 없습니다. 그것을 출현 확률 P가 1이다($P=1$)라고 말합니다.

그럼 칸막이 판을 치우면 어떻게 될까요? a는 작은 방 A에 있을 수도 있고 B에 있을 수도 있습니다. 그러므로 출현 확률은 2지요($P=2$). 그렇게 생각하면 무질서함은 출현 확률로 나타낼 수 있습니다(그림 2).

따라서 엔트로피를 출현 확률의 함수로 보고 정리하면 식 1로 정의할 수 있습니다.

$$S = R\ln P \quad \text{(식 1)}$$

그림 1

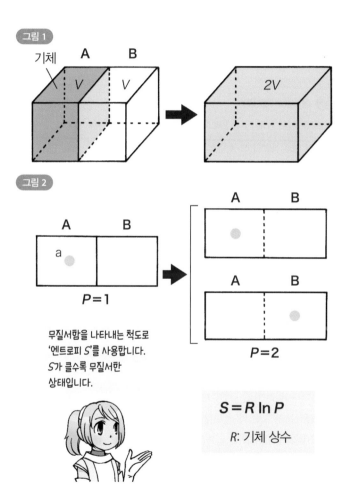

기체 A B

V V

$2V$

그림 2

A B

a

$P=1$

A B

A B

$P=2$

무질서함을 나타내는 척도로
'엔트로피 S'를 사용합니다.
S가 클수록 무질서한
상태입니다.

$$S = R \ln P$$

R: 기체 상수

열역학 제2·제3법칙

자연계의 변화는 엔트로피가 증가하는 방향으로 진행됩니다. 이를 열역학 제2법칙이라고 합니다. 한편 엔트로피가 0인 상태도 존재하며, 열역학 제3법칙이라고 합니다.

1 ▶▶ 열역학 제2법칙

커피 향은 잔에서 흘러나와 방 전체로 퍼집니다. 이는 커피 향 분자가 확산됨으로써 무질서함이 커져 엔트로피가 증가한 것($\Delta S > 0$)입니다.

커피 향은 확산될 뿐 스스로는 결코 잔으로 돌아가지($\Delta S < 0$) 않습니다. 향을 응축해서 잔으로 돌려보내려면 컴프레서로 에너지를 가해야 합니다.

> **자발적인 변화는 엔트로피가 증가하는 방향으로 일어난다**

이것을 열역학 제2법칙이라고 합니다.

2 ▶▶ 열역학 제3법칙

계의 무질서함이 커지면 엔트로피가 증가합니다. 반대로 무질서함이 작아지면 엔트로피가 감소합니다. 엔트로피가 계속 감소하면 어떻게 될까요? 결국 엔트로피가 0인 상태, $S=0$이 됩니다.

엔트로피가 0이라는 건 과연 어떤 상태일까요? 고체 결정을 떠올려 봅시다. 고체 결정은 일정한 위치, 일정한 방향의 분자가 차곡차곡 쌓인 것으로 물질의 상태 중에서 가장 질서 정연합니다. 정돈된 상태지요. 하지만 그 안에서도 분자는 움직입니다. 다시 말해 결합의 진동이나 회전은 일어납니다.

이러한 운동은 절대 온도에 비례합니다. 절대 온도가 낮아질수록 분자 운동은 둔해지고 절대 0도에서는 마침내 모든 운동이 사라집니다. 그것이야말로 무질서함이 0인 상태라고 할 수 있습니다.

> **절대 온도 0도(0K)에서 결정의 엔트로피는 0이다**

이것이 열역학 제3법칙의 내용입니다.

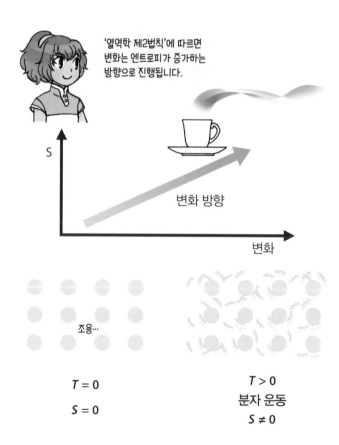

'열역학 제2법칙'에 따르면 변화는 엔트로피가 증가하는 방향으로 진행됩니다.

S

변화 방향

변화

조용…

$T = 0$

$S = 0$

$T > 0$
분자 운동
$S \neq 0$

변화와 엔트로피 변화

열역학 제2법칙에 따르면 변화는 엔트로피가 증가하는 방향으로 일어납니다. 그런데 엔트로피는 어떨 때 증가하는($\Delta S > 0$) 것일까요?

1 ▶▶ 부피 팽창

8-2에서 설명했듯 계의 부피가 늘어나면 입자의 행동반경이 넓어져 출현 확률이 높아집니다. 이것은 엔트로피의 정의와 직결되는 현상이며, 엔트로피는 증가합니다.

> 부피가 팽창하면 엔트로피는 증가한다

2 ▶▶ 온도 상승

온도가 상승하면 분자 운동이 강해집니다. 절대 온도는 원래 분자 운동의 크기와 비례하는 개념입니다. 따라서 온도가 올라가 분자 운동이 강해지면 그만큼 분자의 무질서함이 늘어나 엔트로피가 증가합니다.

> 온도가 상승하면 엔트로피는 증가한다

3 ▶▶ 분자 수 증가

입자가 한 개에서 두 개로 늘면 출현 확률은 두 배가 됩니다. 즉 분자 수가 증가하면 엔트로피도 증가한다는 뜻이지요. 일정 부피의 계에서 분자 수가 증가한다는 것은 계의 농도가 증가한다는 뜻입니다.

> 농도가 증가하면 엔트로피는 증가한다

4 ▶▶ 상태 변화

'농도가 증가하면 엔트로피는 증가한다'라는 사실은 열역학 제3법칙과 관련이 있습니다. 엔트로피 0인 것은 절대 온도 0도인 결정이었습니다. 결정은 규칙적인 상태이므로 엔트로피가 작습니다. 그와 반대로 빠르게 움직이는 기체는 엔트로피가 큽니다.

> **엔트로피는 결정 < 액체 < 기체의 순서로 커진다**

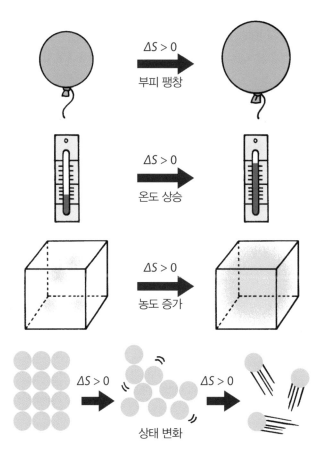

8-5

엔트로피와 분자 구조

분자 구조가 변하면 엔트로피가 증가($\Delta S > 0$)합니다. 그 예를 살펴보겠습니다.

1 ▶▶ 분자 분해

분자 분해란 분자 AB가 분자 A와 B로 분열하는 현상입니다. 쉽게 말해 하나의 분자가 둘로 나뉘므로 분자 수의 증가, 즉 농도 증가를 의미합니다.

> 분자 분해는 엔트로피를 증가시킨다

2 ▶▶ 고리 열림

삼환식 화합물 ABC에서 결합 A–C가 끊겨 사슬 화합물 ABC가 됐다고 합시다. 삼환식이라는 고리 화합물의 분자는 형태의 자유도가 거의 없습니다. 스스로 결정할 수 있는 것은 결합 신축과 고리 평면의 뒤틀림 정도에요.

그러나 사슬 상태에서는 다릅니다. 결합각 $\angle ABC$를 바꿀 수 있고 회전도 가능합니다. 따라서 운동의 자유도가 커져 그만큼 무질서해집니다.

> 고리 구조가 열리면 엔트로피가 증가한다

3 ▶▶ 굴곡화

직선 모양으로 고정되어 있던 분자가 구부러지면 결합 각도, 회전 등 모든 면에서 행동의 자유도가 증가합니다.

> 직선형 분자가 구부러지면 엔트로피가 증가한다

특히 분자량이 약 1만 이상인 고분자 화합물에서 이것은 큰 의미가 있습니다.

분자 결합이 약해지면 결합 신축이 활발해지고 구조 자유도도 늘어납니다.

> **결합이 약해지면 엔트로피가 증가한다**

이는 전이 상태(결합이 약한 상태)를 다룰 때 주요한 역할을 합니다.

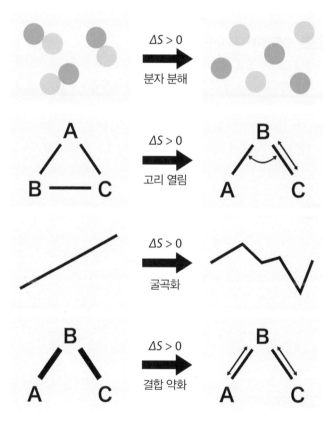

엔트로피와 에너지

엔트로피(S)는 열량(Q)과 연결할 수 있습니다. 이로써 엔트로피는 열역학에서 에너지 E나 일 W와 동등한 자격을 얻게 됩니다.

1 ▶▶ 엔트로피와 부피 변화

8-2에서 입자의 출현 확률이 높아지면 엔트로피가 증가하는 현상을 살펴보았습니다. 그와 동시에 계의 부피가 커지면 출현 확률이 높아지는 현상도 살펴보았지요.

이는 엔트로피가 부피의 크기와 연관이 있음을 보여 줍니다. 따라서 부피 변화 ΔV에 따른 엔트로피 변화량 ΔS는 식 1로 나타낼 수 있어요. 또한 부피가 $V_1 \sim V_2$로 변화할 때의 엔트로피 변화량 ΔS는 식 2로 나타냅니다.

2 ▶▶ 부피 변화와 일의 양

앞서 7-7에서 일 W와 부피 변화 ΔV가 식 3으로 나타난다고 말했습니다. 이 식을 적분 형태로 고치면 식 4가 됩니다. 그리고 식 4를 이용해 부피가 $V_1 \sim V_2$로 변화할 때 일의 양을 구하면 식 5가 됩니다.

식 5를 바로 위의 식 2와 비교해 보세요. 양쪽에 같은 항 $R\ln(V_2/V_1)$가 있지요? 그러므로 $R\ln(V_2/V_1)$ 항을 매개로 식 2와 식 5를 정리하면 식 6을 얻을 수 있습니다. 여기서 일의 양 W는 열량 Q와 같은 뜻이므로 치환하면 식 7이 됩니다.

3 ▶▶ 엔트로피와 열량

식 7에 따르면 엔트로피 변화량 ΔS란 열량 Q를 절대 온도 T로 나눈 것입니다. 이 식은 중요한 역할을 담당합니다. 무질서함의 척도라는 관념적인 양이었던 엔트로피를 열량이나 일의 양, 에너지 같은 열역학적인 기본 물리량과 연결시키기 때문입니다. 이를 통해 열역학에서 엔트로피의 자리가 확보되었다고 할 수 있습니다.

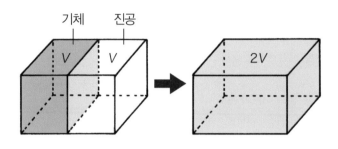

$$\varDelta S = R \ln aV \qquad \text{(식 1)}$$
a: 적당한 부피

$$\varDelta S = R \ln aV_2 - R \ln aV_1 = R \ln \frac{V_2}{V_1} \qquad \text{(식 2)}$$

$$W = P\varDelta V \qquad \text{(식 3)}$$

$$W = \int P \, dV \qquad \text{(식 4)}$$

$$= \int_{V_1}^{V_2} P \, dV = \int_{V_1}^{V_2} \frac{RT}{V} \, dV = RT \ln \frac{V_2}{V_1} \qquad \text{(식 5)}$$

$$\varDelta S = \frac{W}{T} \qquad \text{(식 6)}$$

$$= \frac{Q}{T} \qquad \text{(식 7)}$$

엔트로피 변화 $\varDelta S$와 열량 변화 Q는 $Q = T\varDelta S$로 연결됩니다.

엔트로피와 열

엔트로피는 어디에선가 들어 봤지만, 아직은 낯선 용어일 것입니다. 그러나 엔트로피는 화학에서뿐만 아니라 일상생활에서도 매우 중요한 용어입니다. 엔트로피라는 개념이 없으면 합리적으로 설명할 수 없는 현상도 있습니다. 대표적인 예가 열의 이동입니다.

1 ▶▶ 열의 이동과 온도

열은 이동합니다. 쇠막대의 한쪽 끝 A를 가열하면 곧 반대쪽 끝 B도 뜨거워집니다. 이것은 열이 A에서 B로 전달되었음을, 즉 이동했음을 의미합니다.

쇠막대의 한쪽 끝 A는 200도, 반대쪽 끝 B는 실온이라고 가정합시다. 이제 막대의 중간 지점 C를 가열하면 온도는 어떻게 바뀔까요? 온도가 올라가는 것은 B와 C뿐입니다. A의 온도는 변하지 않을 뿐만 아니라 오히려 내려갑니다. 그러나 C의 온도가 A의 온도를 넘어서면 A의 온도도 다시 올라가기 시작합니다.

이처럼 열은 이동하지만 마치 일방통행처럼 이동하기 때문에, 고온인 쪽에서 저온인 쪽으로만 이동합니다.

2 ▶▶ 열의 이동과 엔트로피

열이 고온인 쪽에서 저온인 쪽으로 이동하는 것은 당연한 현상입니다. 한데 그런 이동은 왜 일어나는 것일까요? 왜 저온인 쪽에서 고온인 쪽으로는 이동하지 않는 것일까요? 또 고온은 더 고온이 되지 않고 저온은 더 저온이 되지 않는 건 왜일까요?

얼음을 만졌을 때 차가운 것은 손(36도)에서 얼음(0도)으로 열(Q)이 이동했음을 의미합니다. 각각의 엔트로피 변화량 ΔS를 앞의 식 7($\Delta S = Q/T$)

로 계산해 봅시다. 사실 굳이 계산하지 않아도 저온인 얼음의 엔트로피가 더 큽니다. 이것은 얼음을 만질 때 열(Q)은 엔트로피가 증가하는 방향으로 이동함을 보여줍니다. 즉 열역학 제2법칙이 실현된 것입니다.

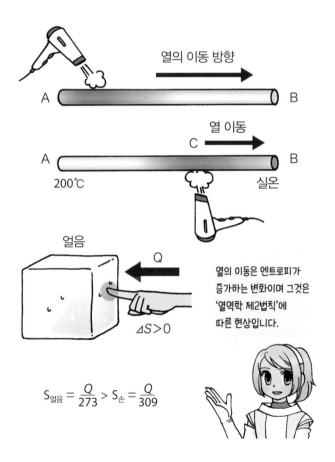

열의 이동 방향

열 이동

얼음

Q

$\Delta S > 0$

열의 이동은 엔트로피가 증가하는 변화이며 그것은 '열역학 제2법칙'에 따른 현상입니다.

$$S_{얼음} = \frac{Q}{273} > S_{손} = \frac{Q}{309}$$

부피·온도 변화와 엔트로피

8-4에서 엔트로피 변화를 정성적으로 검토했다면, 이번에는 정량적 관점에서 다시 살펴보겠습니다.

1 ▶▶ 부피 변화

부피 변화에 따른 엔트로피 변화는 이미 8-6의 식 2에서 확인했습니다. 이 식이 부피 변화 대비 엔트로피 변화를 양적으로 나타낸 것입니다.

그 식을 그래프로 그리면 그림 1처럼 나타납니다. 이때 변화는 부피 비 $\dfrac{V_2}{V_1}$ 의 로그로 표현되지요. 그 결과 부피 비가 작은 구간은 부피 비의 변화에 민감하지만, 부피 비가 커질수록 그 영향은 줄어든다는 것을 알 수 있습니다.

$$\Delta S = R\ln\frac{V_2}{V_1}$$

2 ▶▶ 온도 변화

온도에 따른 엔트로피 변화를 구하려면 열량 Q의 온도 변화를 파악해야 합니다. 이때 7-8에서 설명한 몰 열용량의 식 1($C=Q/\Delta T$)을 이용하면 편리합니다.

식 1에 따라 엔트로피 변화 ΔS는 식 2가 되고, 다시 적분하면 엔트로피 변화 ΔS는 식 3이 됩니다. 즉 엔트로피 변화량은 온도 비 $\dfrac{T_2}{T_1}$의 로그 값에 비례하므로 그 경향은 위에서 본 부피 변화와 같은 셈입니다(그림 2).

그림 1

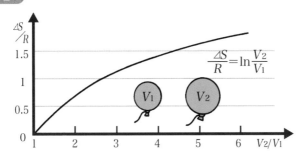

$$\frac{\Delta S}{R} = \ln \frac{V_2}{V_1}$$

그림 2

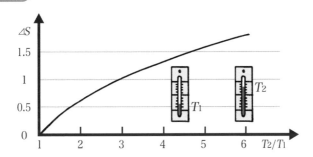

부피 · 온도 변화는
엔트로피 변화와
로그 관계를 갖습니다.

$$Q = C\Delta T \qquad \text{(식 1)}$$

$$\Delta S = \frac{Q}{T} = C\frac{\Delta T}{T} \qquad \text{(식 2)}$$

$$\Delta S = \int_{T_1}^{T_2} \frac{C}{T} dT = C\ln\frac{T_2}{T_1} \qquad \text{(식 3)}$$

제8장 연습 문제

1 다음 변화 중 엔트로피가 증가하는 것에는 「a」, 감소하는 것에는 「b」를 써넣으세요.

A : 온도 상승 (   ) B : 부피 증가 (   ) C : 농도 증가 (   )

D : 융해 (   ) E : 증발 (   ) F : 승화(결정→기체) (   )

G : 분자의 분해 (   ) H : 고리형 분자의 열림 (   )

2 다음 문장 중 옳은 것에 ○표를 하세요.

A : 자연계의 변화는 엔트로피가 감소하는 방향으로 진행된다.

B : 엔트로피가 0인 상태는 가상의 것으로 현실에는 존재하지 않는다.

C : 엔트로피는 에너지와 다른 것이기에 에너지로 환산할 수 없다.

D : 열의 이동은 엔트로피가 감소하는 방향으로 일어난다.

E : 부피가 두 배 증가하면 엔트로피도 두 배 증가한다.

F : 절대 온도가 두 배 증가하면 엔트로피도 두 배 증가한다.

3 괄호 안에 알맞은 말을 써넣으세요.

엔트로피는 ①(   )함의 척도다. 결정은 모든 분자가 위치와 방향의
②(   )을 가진 상태이기에 엔트로피가 ③(   ). 결정을 냉각하면 ④
(   )이 억제되어 엔트로피는 더욱 ⑤(   )지고 절대 온도 0도(0K)에
서 마침내 ⑥(   )이 된다.

정답은 218쪽에
있습니다.

제9장

기브스 에너지

화학 반응 A → B는 분자 A가 B로는 변화해도 B가 A로 변화하지 않음을 의미합니다. 어째서 A는 B로 변화하는 것일까요? 왜 B는 A로 변화하지 않는 것일까요? 반응 방향은 에너지(엔탈피)와 엔트로피라는 두 가지 양에 좌우됩니다. 이 두 가지를 융합시킨 것이 기브스 에너지 G입니다.

반응 방향을 결정하는 것

반응에는 진행 방향이 있습니다. 예를 들어 비가역 반응 A → B는 오른쪽으로만 진행됩니다. 그러나 가역 반응 A ⇌ B는 왼쪽으로도 진행됩니다. 반응의 진행 방향은 어떻게 결정될까요?

1 ▶▶ 엔탈피와 반응 방향

강물은 높은 곳에서 낮은 곳으로, 즉 위치 에너지가 큰 쪽에서 작은 쪽으로 흐릅니다.

화학 반응에도 비슷한 경향이 있습니다. 그래서 내부 에너지가 큰 쪽에서 작은 쪽으로 흐르려고 합니다. 그 결과 과잉된 에너지를 반응 에너지로 외부에 방출합니다.

반응 에너지는 반응 조건에 따라 달라집니다. 7-7에서 다루었듯 등압 반응에서는 엔탈피를 사용합니다. 따라서 반응은 엔탈피가 작아지는 방향으로 진행되는 경향이 있다고 말할 수 있습니다.

2 ▶▶ 엔트로피와 반응 방향

반응 방향을 결정하는 것은 엔탈피뿐만이 아닙니다. 엔트로피도 반응 방향을 결정하는 데 큰 영향력을 행사합니다. 그러므로 열역학 제2법칙은 다음과 같이 고칠 수 있습니다.

> 반응은 엔트로피가 증가하는 방향으로 진행된다

3 ▶▶ 반응 방향을 결정하는 것

그렇다면 반응의 방향을 결정하는 것은 무엇일까요? 엔탈피가 감소하는 방향일까요, 아니면 엔트로피가 증가하는 방향일까요?

가령 반응이 오른쪽으로 진행될 때 엔탈피는 감소하고 엔트로피는 증가한다면 아무 문제가 없습니다. 반응은 그저 오른쪽으로 진행하면 됩니다. 그런데 엔탈피와 엔트로피가 모두 감소한다면 어떻게 될까요? 반응은 오른쪽으로 진행하면 될까요? 아니면 왼쪽으로 진행하면 될까요? 이러지도 저러지도 못하는 햄릿의 심정을 보는 듯합니다.

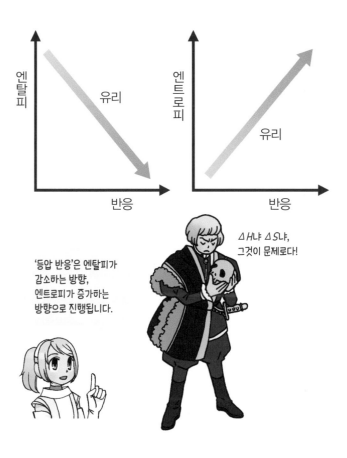

'등압 반응'은 엔탈피가 감소하는 방향, 엔트로피가 증가하는 방향으로 진행됩니다.

ΔH냐 ΔS냐, 그것이 문제로다!

자유 에너지의 정의

ΔH와 ΔS를 동일선상에서 비교하려면 어떻게 해야 할까요? 궁리 끝에 나온 것이 자유 에너지입니다. 자유 에너지에는 헬름홀츠 에너지와 기브스 에너지가 있습니다. 등적 반응에서는 전자를 등압 반응에서는 후자를 사용합니다.

1 ▶▶ 헬름홀츠 에너지

일반적으로 반응의 진행 방향을 좌우하는 것은 에너지와 엔트로피입니다. 따라서 반응 방향을 파악하려면 둘 중 무엇의 영향이 더 큰지 비교해야 합니다.

엔트로피는 무질서함을 의미합니다. 그런데 에너지와 무질서함은 전혀 다른 개념처럼 보입니다. 그 둘을 비교하려면 어떻게 해야 할까요?

다시 8-6을 봅시다. 엔트로피의 정의에 따르면 엔트로피란 열량(에너지) Q를 절대 온도 T로 나눈 것입니다. 그 관계를 이용하면 식 1과 같이 엔트로피를 에너지로 환산 가능합니다. 이제 에너지와 엔트로피를 직접 비교할 수 있습니다.

이를 바탕으로 에너지와 엔트로피에 의한 식을 제안한 사람은 독일 과학자 헬름홀츠입니다. 등적 반응에서 에너지는 내부 에너지 ΔU이므로 자유 에너지는 식 3으로 나타낼 수 있습니다. 이것을 제안자의 이름을 따서 헬름홀츠 (자유) 에너지 ΔF라고 합니다.

2 ▶▶ 기브스 에너지

등압 반응에서 에너지는 엔탈피이므로 자유 에너지는 엔탈피 변화량 ΔH와 엔트로피 변화량 ΔS로 구하며 그것은 식 2로 나타낼 수 있습니다. 이 식

을 정리한 미국 과학자 기브스의 이름을 따서 기브스 (자유) 에너지 ΔG라고
합니다.

$$S = \frac{Q}{T}$$
(식 1)

등압 반응: 기브스 에너지
$$\Delta G = \Delta H - T\Delta S$$
(식 2)

등적 반응: 헬름홀츠 에너지
$$\Delta F : \Delta U - T\Delta S$$
(식 3)

'기브스 에너지'는 엔탈피
변화와 엔트로피 변화를
조합한 것입니다.

ΔS

ΔH

반응 방향과 기브스 에너지

반응 방향을 좌우하는 데에 자유 에너지(기브스 에너지)가 관여한다고 했습니다. 그렇다면 기브스 에너지란 무엇일까요?

1 ▶▶ 기브스 에너지의 의미

기브스 에너지는 반응열 ΔH에 무질서로 인한 에너지 변화량을 더한 것입니다.

먼저 엔트로피 측면에서 불리한 반응, 즉 $\Delta S < 0$인 반응에 대해 생각해 보세요. 이 경우 $\Delta H - T\Delta S$의 절댓값은 작아집니다.

앞서 7-7을 통해 엔탈피는 월급에서 세액을 제외한 실 수령금이라 할 수 있어요. 기브스 에너지는 거기서 추가로 $T\Delta S$를 제외한 것입니다.

즉 실 수령금에서 대출 상환금이나 교육비 등을 뺀 금액으로 실제 소비에 쓸 수 있는 가처분 소득에 해당한다고 할까요.

2 ▶▶ 반응 방향

자유 에너지를 이용하면 반응 방향을 간단히 예상할 수 있습니다.

요컨대 등적 반응이라면 헬름홀츠 에너지가 감소하는 방향, 등압 반응이라면 기브스 에너지가 감소하는 방향으로 진행될 것입니다.

발열 반응 $\Delta H < 0$일 경우 엔탈피 측면에서는 유리하지만 $\Delta S < 0$일 경우 $T\Delta S$ 항이 ΔG의 절댓값을 축소시켜 불리합니다. 그래도 $\Delta G < 0$인 이상, 반응 방향은 바뀌지 않지만 $\Delta G > 0$이 되는 순간, 반응이 반대 방향으로 진행됩니다.

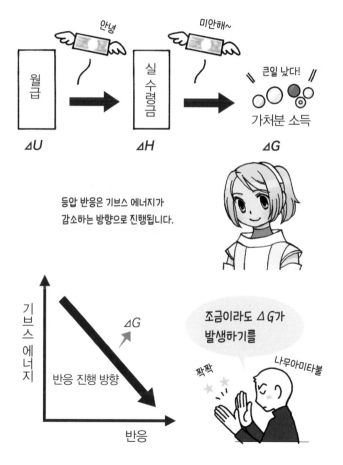

월급 ΔU

안녕

실수령금 ΔH

미안해~

큰일 났다!

가처분 소득 ΔG

등압 반응은 기브스 에너지가
감소하는 방향으로 진행됩니다.

기브스 에너지

반응 진행 방향

ΔG

반응

조금이라도 ΔG가
발생하기를

짝짝

나무아미타불

기브스 에너지와 평형

가역 반응은 시간이 지나면 겉보기에 농도 변화가 없는 평형 상태에 도달합니다. 이런 반응에서 기브스 에너지 변화는 어떻게 나타날까요?

1 ▶▶ 가역 반응과 기브스 에너지

가역 반응 A ⇌ B는 오른쪽으로 진행되는 정반응 A → B와 왼쪽으로 진행되는 역반응 A ← B로 이루어집니다. 정반응과 역반응은 각각 독립되어 있어 독자적인 활성화 에너지와 반응 속도 상수를 갖습니다.

만약 이 반응의 기브스 에너지가 그림 1처럼 변화하면 어떻게 될까요? 반응은 기브스 에너지가 낮은 쪽(그래프에서는 B)으로 진행되기에 정반응 A → B는 일어납니다. 그러나 아무리 봐도 역반응은 기브스 에너지가 증가하여 진행될 것 같지 않지요.

그런데 실제로는 정반응뿐만 아니라 역반응도 일어납니다. 이는 반응 도중 기브스 에너지가 낮아지는 지점이 있음을 알려줍니다.

2 ▶▶ 평형과 기브스 에너지

그림 2는 가역 반응 A ⇌ B의 기브스 에너지 변화를 성분 A, B의 몰분율(전 성분에 대한 각 성분의 물질량 비율)에 따라 나타낸 것입니다.

A에서 출발하든 B에서 출발하든 기브스 에너지는 계속 감소하여 몰분율 M_0에서 극소가 됩니다. 그러므로 A에서 시작된 정반응은 M_0를 향해 가다가 M_0에 도달하면 더는 B쪽으로 나아가지 않습니다. 마찬가지로 B에서 시작된 역반응도 M_0에서 멈춥니다.

즉 그림 2는 M_0가 평형일 때의 용액 조성인 셈입니다. 이처럼 기브스 에너지가 극솟값을 갖는 것이 바로 가역 반응이 성립하고 평형 상태가 발생하는 조건이라고 할 수 있습니다.

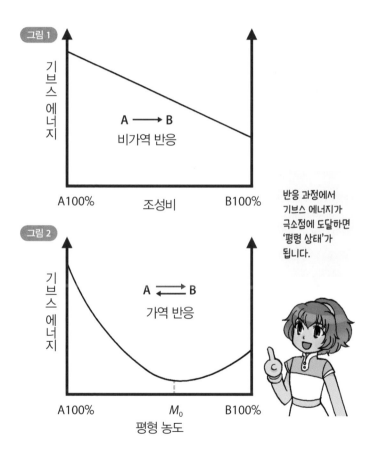

그림 1

기브스 에너지

A ⟶ B
비가역 반응

A100%　　조성비　　B100%

그림 2

기브스 에너지

A ⇌ B
가역 반응

A100%　　M_0　　B100%
평형 농도

반응 과정에서 기브스 에너지가 극소점에 도달하면 '평형 상태'가 됩니다.

평형 상태와 정상 상태

평형 상태는 화학에서 중요한 개념이지만 실생활에서는 의외로 찾기 힘
듭니다.

1 ▶▶ 정상 상태

평형 상태의 사례로 제시된 것이 몇 가지 있지만 사실은 평형 상태라기
보다 정상 상태 즉 일정하여 한결같은 상태일 때가 많습니다. 평형 상태는
'정상 상태의 특수 사례'로 볼 수도 있지만 그래도 둘은 다른 개념이랍니다.
평형 상태를 이해하기 위해서는 평형 상태와 정상 상태의 차이를 이해하는
편이 빠를지도 몰라요.

평형 상태의 예시로 '끝없이 샘솟는' 온천수를 들곤 하는데 실은 평형 상
태라기보다 정상 상태에 해당합니다.

온천수가 줄지 않는 이유는 샘솟는 물의 양과 넘치는 물의 양이 같아서
항상 일정량의 물이 고여 있기 때문입니다. 당연한 일이지만 온천의 물은
언제나 입구에서 출구로 흘러요. 들어오는 물은 들어올 뿐이고 나가는 물은
나갈 뿐이므로 결코 가역적이지 않습니다. 되돌릴 수 없어요. 따라서 온천
수는 정상 상태이지 평형 상태가 아닙니다.

2 ▶▶ 평형 상태

그렇다면 '진짜 평형 상태'에는 어떤 것이 있을까요?

감기 환자의 수를 생각해 봅시다. 감기는 누구나 걸리는 질병으로 많은
사람이 '걸리고 낫기'를 반복합니다. 따라서 가역 반응에 해당합니다.

가령 어느 해 겨울에 국민의 15퍼센트가 감기에 걸렸다고 가정한다면,
그 상태는 평형 상태로 볼 수 있습니다. '건강한 상태 ⇌ 감기에 걸린 상태'

라는 가역 반응이 M_0=15퍼센트의 조성비로 유지됐기 때문입니다. 이때 유행 초기에는 건강 → 감기, 유행 말기에는 건강 ← 감기라는 흐름이 있지만, 한창 감기가 유행할 때는 그런 흐름이 없습니다. 정상 상태와 평형 상태의 차이를 이해할 수 있나요?

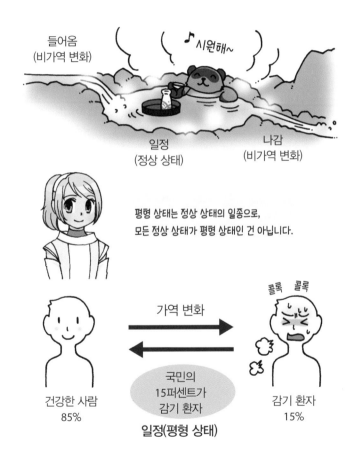

들어옴
(비가역 변화)

♪시원해~

일정
(정상 상태)

나감
(비가역 변화)

평형 상태는 정상 상태의 일종으로,
모든 정상 상태가 평형 상태인 건 아닙니다.

콜록 콜록

가역 변화

국민의
15퍼센트가
감기 환자

건강한 사람
85%

감기 환자
15%

일정(평형 상태)

르샤틀리에 법칙 — 농도 변화

평형 상태인 계의 조건을 변화시키면 계는 그 변화를 없애는 쪽으로 변합니다.

1 ▶▶ 르샤틀리에 법칙

9장에서는 평형 상태를 기브스 에너지라는 에너지의 관점에서 살펴보고 있습니다. 한편 6-9에서는 반응 속도의 관점에서 평형 상태를 검증하고 평형 상수 K를 도출했어요. 평형 상수는 온도가 일정하면 늘 일정한 값을 갖지요.

평형인 계의 농도나 온도, 압력 같은 조건을 변화시키면 마치 그 변화를 상쇄하듯 평형점(9-4의 M_0)이 변화합니다. 이를 발견한 프랑스 과학자 르샤틀리에의 이름을 따서 르샤틀리에 법칙이라고 합니다.

2 ▶▶ 농도 변화

평형 반응 A ⇌ B의 평형 상수는 식 1로 나타납니다. 이 평형인 계에 A를 더하면 어떤 변화가 일어날까요? 평형 상수 K를 일정하게 유지하려면 B를 늘리는 수밖에 없습니다.

말하자면 정반응 A → B가 우세해짐에 따라 평형은 B를 생성하는 쪽으로 변화합니다. 이것을 '평형이 오른쪽으로 치우친다'라고 표현합니다.

결과적으로 계에 더해진 A는 B로 '변화'되고, A는 실제 더해진 양보다 '적은 양'으로만 존재합니다. 즉 A 추가로 인한 변화는 '감소'한 것입니다.

3 ▶▶ 분압 변화

평형 반응 A+B ⇌ C의 평형 상수는 식 2와 같습니다. 다만 이 반응이 기체에 의한 반응일 경우 농도 [A] 같은 값 대신 그 분압(여러 기체가 섞여 있을 때 각각의 성분 기체가 나타내는 압력) P_A를 이용합니다. 그렇다면 기체 A를 계에 더하면 어떻게 될까요? 똑같이 생각하면 됩니다. 평형 상수를 일정하게 유지하기 위해 P_A가 줄어들고 P_C가 늘어납니다. 따라서 평형은 '오른쪽으로 치우치게' 됩니다.

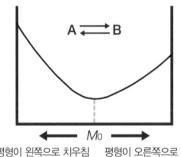

$$A \rightleftarrows B$$

$$K = \frac{[B]}{[A]} : 온도가\ 일정할\ 경우\ 일정 \qquad (식\ 1)$$

$$A \rightleftarrows B$$

Mo

평형이 왼쪽으로 치우침　평형이 오른쪽으로 치우침

'르샤틀리에 법칙'에 따르면 평형계는 평형 상수를 일정하게 유지하기 위해 변화합니다.

$$A+B \rightleftarrows C$$

$$K = \frac{[C]}{[A][B]} (식\ 2) = \frac{P_C}{P_A \cdot P_B} (식\ 3)$$

액체　　　　　　기체

르샤틀리에 법칙 — 전압·온도 변화

이번에는 평형계의 성분을 변화시키는 게 아니라 전체 조건을 변화시키는 경우에 변화는 어떻게 일어나는지 살펴봅시다.

1 ▶▶ 전체 압력의 변화

평형계 $A+B \leftrightharpoons C$ 전체의 압력을 높여 봅시다. 구체적으로는 반응을 압력솥 안에서 진행시켜 내부 압력을 높이는 것입니다.

그 경우 세 성분의 분압 P_A, P_B, P_C는 모두 증가합니다. 그에 따라 앞서 살펴본 평형 상수(식 3, $P_C/P_A \cdot P_B$)의 분모가 커집니다. 분모 값을 줄이려면 P_A, P_B를 줄이면 됩니다. 그 결과 평형은 오른쪽으로 치우칩니다.

2 ▶▶ 온도 변화

평형 $A+B \leftrightharpoons C$는 발열 반응으로 반응이 오른쪽으로 진행되면 열이 발생한다고 가정합시다.

압력솥의 온도를 높이면 어떻게 될까요? 만약 반응이 오른쪽으로 진행된다면 열이 발생해서 계의 온도가 더 올라갈 것입니다. 따라서 발열을 막고자 평형은 왼쪽으로 치우칩니다.

정반응이 발열 반응이고 역반응이 흡열 반응인데 계에 열이 더해져 흡열 반응이 우세해졌다고 생각하면 쉽습니다.

3 ▶▶ 하버 · 보슈법

르샤틀리에 법칙을 합성에 적용한 것이 하버와 보슈가 개발한 암모니아 합성법(하버 · 보슈법)입니다.

철을 촉매로 이용해 수소와 공기 중의 질소를 직접 반응시키는 방법이지요. 반응식은 아래에 나와 있습니다. 평형이 오른쪽으로 이동하면 분자 수가 줄어들어 고압에서 진행하는 것이 유리합니다. 이렇게 평형이 오른쪽으로 이동하면 열이 발생하기 때문에 저온인 편이 유리하지만, 한편으론 반응 속도를 끌어올려 실용성을 높이려면 가열할 필요가 있습니다. 따라서 실용성을 고려해 200~1,000기압, 400~600도라는 조건에서 진행합니다.

르샤틀리에 법칙의 전압 · 온도 변화

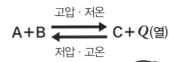

고압 · 저온

$$A + B \rightleftharpoons C + Q(\text{열})$$

저압 · 고온

평형계의 압력이 높아지면 평형은 압력이 낮아지도록 변화하고, 평형계의 온도가 높아지면 평형은 온도가 낮아지도록 변화합니다.

하버 · 보슈의 암모니아 합성법

수백 기압 · 수백 도

$$3H_2 + N_2 \rightleftharpoons 2NH_3 + 92.0\,kJ/mol$$

암모니아

프리츠 하버

카를 보슈

1 다음 문장 중 옳은 것에 ○표를 하세요.

A : 반응은 에너지가 감소하는 방향, 엔트로피가 증가하는 방향으로 진행된다.

B : 내부 에너지와 엔트로피를 조합한 반응 지표를 기브스 에너지라고 한다.

C : 반응은 기브스 에너지가 증가하는 방향으로 진행된다.

D : 기브스 에너지는 반응이 변화함에 따라 변화한다.

E : 반응 도중 기브스 에너지가 극댓값을 갖는 반응을 평형 반응이라고 한다.

F : 평형 상태는 정상 상태와 같다.

G : 반응 A ⇋ 2B에서 계에 A를 더하면 평형은 오른쪽으로 이동한다.

H : 기체 반응 A ⇋ 2B에서 계의 압력을 높이면 평형은 오른쪽으로 이동한다.

I : 반응 A ⇋ 2B+열에서 계를 가열하면 평형은 오른쪽으로 이동한다.

2 괄호 안에 알맞은 말을 써넣으세요.

반응식에서 반응이 좌우 양방향으로 일어나는 것을 ①(   )이라고 한다. 그 반응에서 시간이 지나면 ②(   )가 일어나지 않는다. 그것을 ③(   )라고 하며 그때 두 반응의 반응④(   )는 같다.

정답은 218쪽에 있습니다.

상태 변화 에너지

액체인 물은 저온에선 고체인 얼음이 되고 고온에선 기체인 수증기가 됩니다. 이러한 고체 ⇆ 액체 ⇆ 기체로의 변화를 상태 변화라고 합니다. 같은 물질이라도 상태가 다르면 내부 에너지도 다른데, 변화 과정에 따라 기화열이나 증발열이 됩니다. 한편 물의 상태에는 초임계 상태란 것도 있습니다. 이를 이용하면 공해 물질인 폴리염화 바이페닐(PCB)을 효율적으로 분해할 수 있습니다.

고체·액체·기체

물질은 분자의 집합체입니다. 집합체에서는 단일 분자일 때 나타나지 않던 성질이 나타납니다.

1 ▶▶ 집합체에서 나타나는 성질

분자는 물질의 성질을 띤 최소 입자입니다. 그런데 물질의 성질 중에는 분자 하나를 면밀히 연구해도 절대 나타나지 않는 것이 있습니다.

이를테면 물의 녹는점은 100도인데 그 물성은 물 분자를 아무리 연구해도 절대 나타나지 않습니다. 녹는점이란 결정이 무너져서 액체가 될 때의 온도입니다. 그러므로 결정이 없으면 녹는점을 측정할 수 없습니다. 게다가 분자 하나로는 결정을 만들고 싶어도 만들 수 없지요.

그런 이유로 물질의 성질을 연구하려면 분자의 집합 상태를 연구할 필요가 있습니다.

2 ▶▶ 물질의 삼태

물은 저온일 때 고체인 얼음이 되고, 고온일 때 기체인 수증기가 되며 실온에서는 액체인 상태로 존재합니다.

고체, 액체, 기체 등을 물질의 상태라고 합니다. 그밖에도 액정 표시 장치의 액정이나 유리 같은 비결정성 고체(아몰포스), 또는 비눗방울이나 세포막을 이루는 분자막 등이 있습니다.

다만 물질의 기본이 되는 것은 고체(결정), 액체, 기체이므로 그 세 가지를 특별히 물질의 삼태라고 합니다. 각각의 특징을 오른쪽 표에 정리했습니다. 결정 상태에서 분자는 일정한 위치와 일정한 방향을 유지한 채 삼차원으로 쌓여 있습니다. 위치와 방향이 규칙적인 상태입니다. 그런데 액체가 되면 모든 규칙성을 상실하고 멋대로 움직이기 시작합니다. 그리고 기체가 되면 분자는 아무 곳으로나 빠르게 날아다닙니다.

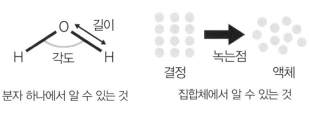

분자 하나에서 알 수 있는 것   집합체에서 알 수 있는 것

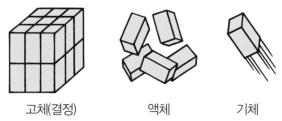

고체(결정)   액체   기체

상태		고체	액체	기체
규칙성	위치	○	×	×
	방향	○	×	×
배열 모식도				

상태 변화

액체는 가열하면 기체가 되고 냉각하면 고체가 됩니다. 즉 조건이 변화하면 물질의 상태는 변화합니다.

1 ▶▶ 상태 변화의 명칭과 온도

액체는 냉각하면 고체, 가열하면 기체가 된다고 했는데 이런 변화를 상태 변화라고 합니다. 각각의 상태 변화에는 고유 명칭이 있습니다.

상태 변화는 서서히 진행되지 않고 어느 조건에 도달하면 갑자기 일어납니다. 그런 변화를 일반적으로 상변화라고 합니다. 상변화가 일어나는 온도에도 각각 고유 명칭이 있습니다.

2 ▶▶ 0도인 물 — 얼음에 일어나는 일

0도에서는 물이 얼음으로 변하고 또 얼음이 물로 변합니다. 이상하지 않나요? 0도에서는 물이 얼음이 되었다가 다시 녹아 액체가 되는 것일까요?

그렇습니다. 9-5의 평형 상태를 떠올려 봅시다. 0도에서는 물과 얼음이 평형을 이룹니다. 이때 열(에너지)을 계속 가하면 얼음은 계속 녹습니다. 가해진 열은 얼음의 융해열로 쓰이기 때문에 계의 온도는 올라가지 않고 쭉 0도로 유지됩니다.

3 ▶▶ 증발과 끓음

물을 가열하면 100도에서 끓어 수증기가 됩니다. 계에 에너지를 계속 주입해 그 상태를 유지하면 모든 물이 수증기로 변해 사라지고 맙니다. 하지만 테이블에 쏟은 물은 끓지 않아도 언젠가 사라집니다. 이유가 뭘까요?

액체가 기체로 변하는 것을 일반적으로 증발이라고 합니다. 증발은 어떤 온도에서든 항상 일어나지요. 그런데 물은 100도에 이르면 끓음이라는 특수한 증발 상태에 놓입니다. 끓음이란 액체(물)에서 증발한 기체(수증기)의 압력(증기압: 10-6 참고)이 대기압(1기압=1013헥토파스칼)과 같아진 상태를 말합니다. 참고로 20도인 물의 증기압은 23헥토파스칼(100도에서는 1013hPa)입니다.

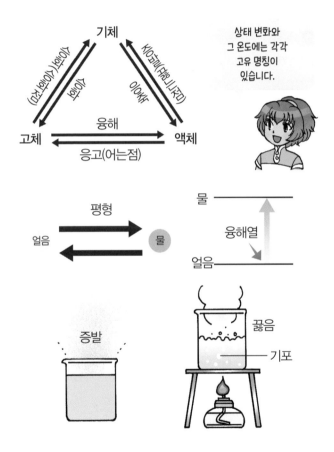

상태 변화와 기브스 에너지

물질에는 다양한 상태가 있습니다. 각각 어떤 기브스 에너지를 갖고 있을까요? 또 그것은 상태 변화와 어떤 관계가 있을까요?

1 ▶▶ 상태와 엔트로피

각각의 상태에서 엔트로피는 어떻게 변화할지 생각해 보세요. 엔트로피는 무질서함의 척도이므로 8-4에서 보았듯 온도가 올라가면 상승합니다 ($\Delta S > 0$). 이 상승 비율을 작은 순서대로 나열하면 고체 < 액체 < 기체가 되며, 분자의 자유도가 클수록 변화 폭이 큽니다.

그리고 고체에서 액체, 액체에서 기체로 변하는 순간에는 분자의 자유도가 불연속적으로 변합니다. 그에 따라 엔트로피도 불연속적으로 변합니다.

이 내용을 담은 것이 오른쪽 그래프 하단의 선입니다. 기울기는 고체 < 액체 < 기체 순으로 급해지며 상태가 바뀌는 온도에서 불연속적으로 변화합니다.

2 ▶▶ 상태와 기브스 에너지

기브스 에너지는 식 1로 정의됩니다. 엔트로피 변화 ΔS가 양수면 온도가 상승함에 따라 ΔG는 작아지고 그 비율은 ΔS 값에 비례합니다. 따라서 ΔG의 감소 비율, 즉 그래프의 기울기는 고체 < 액체 < 기체 순으로 커집니다.

오른쪽 그래프 상단의 선은 물질의 상태와 기브스 에너지의 관계를 나타낸 것입니다. 고체의 기브스 에너지를 뜻하는 선분 c는 온도가 상승함에 따라 살짝 하강합니다. 그런데 액체를 뜻하는 선분 l은 c보다 급경사를 이루며 하강합니다. 선분 c와 선분 l의 교차점에서 고체와 액체는 공존 상태, 즉 융해라는 평형 상태에 놓이며 그 온도가 바로 녹는점입니다.

액체와 기체의 관계도 완전히 똑같습니다.

$$\Delta G = \Delta H - T\Delta S \qquad \text{식 1}$$

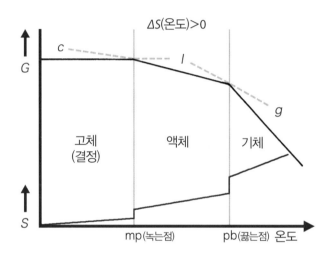

상태가 변화하면
엔트로피와 기브스
에너지도 변화합니다.

고체　　　　　액체　　　　　기체

$$\Delta S_c < \Delta S_l < \Delta S_g$$

상태도

어느 물질이 어느 온도와 기압에서 어떤 상태일지 나타낸 그림을 상태도라고 합니다.

1 ▶▶ 물의 상태도

오른쪽 그래프는 물의 상태도입니다. 세로축은 기압 P(atm), 가로축은 온도 T(℃)입니다. 세 개의 곡선 ab, ac, ad로 나뉜 영역Ⅰ, Ⅱ, Ⅲ은 각각 얼음, 물, 수증기에 해당합니다.

상태도의 의미를 해석하면, 압력과 온도의 조합 (P, T)가 영역Ⅰ에 있을 때 물의 상태는 얼음입니다. 마찬가지로 (P, T)가 영역Ⅱ에 있으면 물은 액체 상태지요.

2 ▶▶ 평형

그럼 (P, T)가 곡선 위에 있을 때는 어떤 상태일까요? 그때는 곡선을 끼고 두 상태가 공존합니다. 말하자면 곡선 ac 위에 있을 때는 얼음과 물이 공존합니다. 이것은 얼음과 물의 평형 상태이며 그때의 온도는 녹는점에 해당합니다.

그래프에서 1기압인 지점에 가로선을 그어 봅시다. 가로선과 곡선 ac의 교차점은 1기압일 때의 녹는점을 의미합니다. 온도는 0도로 얼음의 녹는점과 일치해요. 한편 가로선과 곡선 ab의 교차점은 100도로 1기압일 때의 끓는점에 해당합니다.

이번에는 2기압에 가로선을 그어 녹는점과 끓는점을 확인할까요? 그러면 1기압일 때보다 끓는점은 높고 녹는점은 낮은 것을 알 수 있습니다. 끓는점이 높아지는 현상을 이용한 것이 압력솥입니다. 압력솥 안은 100도보다 높아 콩이든 뼈든 모두 부드러워집니다.

녹는점이 낮아지는 현상은 스케이트와 관련 있습니다. 녹는점이 0도보다 낮다는 것은 0도에서 얼음이 되지 않고 물로 존재함을 의미합니다. 스케이트화를 신고 빙상에 서면 얼음에 높은 압력이 가해지고 얼음이 녹아 수막이 형성됩니다. 덕분에 마찰이 줄어 스케이트가 매끄럽게 나아가는 데 도움이 되지요. 다만 스케이트를 탈 때 수막이 생기는 것은 압력의 영향도 있지만, 스케이트 날로 인해 생기는 마찰열의 영향도 꽤 크답니다.

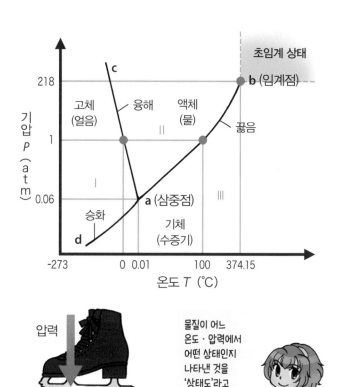

초임계 상태

상태도에는 특별한 '점', 점 a와 점 b가 있습니다. 전자를 삼중점, 후자를 임계점이라고 합니다.

1 ▶▶ 삼중점

압력과 온도의 조합 (P, T)가 점 a에 있으면 어떤 상태일까요? 그곳에는 물질의 삼태, 즉 고체(얼음), 액체(물), 기체(수증기)가 공존합니다. 그런 점을 삼중점이라고 합니다.

그 지점에선 어떤 일이 벌어질까요? 문자 그대로 얼음이 동동 뜬 물이 펄펄 끓는 비상식적인 광경을 보게 될 것입니다. 하지만 그렇게 되려면 기압이 0.06, 온도가 0.01도여야 하므로 일상에서 보기는 어렵지요.

2 ▶▶ 임계점

온도에는 절대 0도(0K, 섭씨 –273.15도)라는 최저 온도가 있습니다. 그래서 곡선 ac, ad는 0K가 되는 지점에서 끝납니다. 하지만 온도에 있어 최고 온도라는 것은 없습니다. 그럼, 곡선 ab는 한없이 뻗어나갈까요?

아닙니다. 곡선 ab는 b에서 끝납니다. 그 이상은 없어요. 이때 점 b는 임계점이라고 합니다. 그럼 점 b를 넘으면 끓던 물질은 어떻게 될까요?

3 ▶▶ 초임계

점 b를 넘은 영역을 초임계 영역이라고 합니다. 초임계 상태에 들어선 물을 초임계수라고 부릅니다. 초임계수는 물과 수증기의 중간 상태에요. 물의 밀도, 수증기의 점도와 활발한 분자 운동이 모두 관찰되지요.

그 결과 초임계수는 유기물도 녹일 수 있게 되어 유기 반응의 용매로 이용할 수 있습니다. 초임계수를 쓴 유기 반응은 유기용매를 쓸 필요가 없으므로 유기 폐액이 줄어 환경보호에 도움이 됩니다. 또한 공해 물질로 유명한 폴리염화 바이페닐(PCB)을 분해하는 데도 쓰입니다.

펄펄 끓는 남극해

고온·고압으로 인해
액체도 기체도 아니게 된
상태를 '초임계 상태'라고 합니다.

고온
고압
초임계

218기압 이상
374도 이상

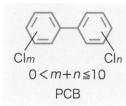

Cl_m　　　　　　Cl_n

$0 < m + n \leqq 10$

PCB

10-6

증기압

액체 분자는 증발해서 기체가 됩니다. 기체가 된 분자가 나타내는 압력을 증기압이라고 합니다.

1 ▶▶ 증발

분자 사이에는 분자 간 힘이 작용해 서로를 끌어당깁니다(그림 1). 액체 속의 분자는 분자 간 힘에 의해 영역이나 이웃 분자에 단단히 매여 옴짝달싹할 수 없어요.

하지만 이런 분자에게도 기회는 찾아옵니다. 액체 분자가 우연히 액체 표면(액면 또는 계면)에 왔다고 합시다. 바로 위에는 자유로운 세계가 펼쳐져 있습니다. 액체 분자는 젖먹던 에너지까지 쥐어짜 대기 중으로 날아오릅니다. 이것이 증발입니다.

그러나 자유로운 세계는 함정에 불과합니다. 탈진한 분자는 다시 집(액체 상태)으로 되돌아옵니다.

비록 자유를 잃고 되돌아와야 하지만, 화려한 성공을 거두고 돌아오는 분자도 있습니다. 어찌 되었든, 중요한 것은 액체 표면이란 분자의 출입이 잦은 역동적인 세계라는 점입니다.

2 ▶▶ 증기압

증발한 액체 분자는 기체가 되어 대기에 섞입니다. 그때 액체(에서 온) 분자만이 갖는 압력을 그 액체의 증기압이라고 합니다. 액체의 증기압은 개별 분자의 특성과 여러 조건이 복잡하게 뒤얽혀 있습니다.

그림 2는 그 일부를 그래프로 그린 것입니다. 우선 분자별로 압력을 발휘하기 시작하는 온도가 다릅니다. 분자 간 힘의 세기를 반영하기 때문입니

다. 이어서 온도와 함께 증기압이 높아지는데, 이는 분자의 에너지가 반영되었기 때문입니다. 마침내 어느 온도에 이르면 증기압과 대기압이 같아집니다. 이때의 온도가 바로 끓는점입니다.

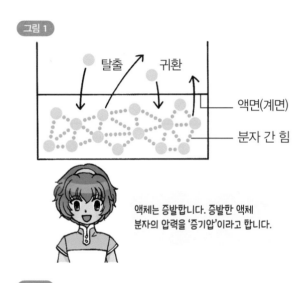

그림 1

탈출   귀환

액면(계면)

분자 간 힘

액체는 증발합니다. 증발한 액체 분자의 압력을 '증기압'이라고 합니다.

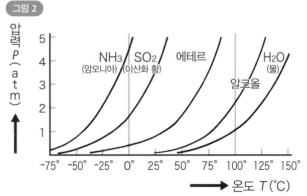

그림 2

압력 P (atm)

NH_3
(암모니아) SO_2
(이산화 황)   에테르 H_2O
(물)

알코올

-75° -50° -25° 0° 25° 50° 75° 100° 125° 150°

온도 T (℃)

용액의 증기압 내림

액체 형태의 혼합물을 용액이라고 합니다. 비휘발성 물질이 섞인 용액은 용매에 비해 녹는점(어는점)이 낮고 끓는점이 높은데 이것은 증기압이 내려갔기 때문입니다. 증기압 내림이란 순수한 용매에 비휘발성 물질이 섞였을 때 증발 가능한 면적이 줄어들어 증기압이 내려가는 현상입니다. 용매의 증발과 응고가 억제되기 때문에 끓는점 오름과 어는점 내림의 원인으로 작용합니다.

1 ▶▶ 끓는점 오름

용액은 여러 가지 분자로 이루어집니다. 그중 녹이는 분자를 용매, 녹는 분자를 용질이라고 합니다. 가령 염화 나트륨 수용액에서는 염화 나트륨($NaCl$)이 용질이고 물(H_2O)이 용매입니다.

잘 휘발되지 않는, 비휘발성 분자가 용질인 용액의 끓는점에 대해 생각해 봅시다. 액체 표면에 분자가 늘어섭니다. 그러나 그 속에는 일정 비율로 비휘발성 분자(그림에서는 ●)가 섞여 있습니다. 용매 분자(●)는 용질 분자 사이를 헤쳐 나가듯 증발합니다.

용질 사이를 뚫고 탈출하는 데는 당연히 평소보다 많은 노력과 에너지가 필요합니다. 7-4에서 다룬 내용에 따르면 분자의 운동 에너지는 절대 온도에 비례합니다. 그러므로 용액의 끓는점이 상승하고 이것을 끓는점 오름이라고 합니다.

2 ▶▶ 어는점 내림

용액의 어는점에 대해 생각해 봅시다. 어는점은 결정이 이루어질 때의 온도입니다. 과일 상점에 차곡차곡 쌓인 사과에는 그 나름의 안정성이 있습니다. 그것이 순 용매의 상태입니다.

그런데 실수로 그 속에 귤이 몇 개 섞였습니다. 불안정해진 사과 더미는 작은 충격에도 무너져 내릴 것입니다. 이것이 용액(용매=사과, 용질=귤)의 상태입니다. 즉 용질 분자가 용매인 물 분자의 정렬을 방해하는 것이지요. 용액은 순 용매(물)보다 불안정하여 낮은 온도에서 결정을 이루고, 이것을 어는점 내림 또는 녹는점 내림이라고 합니다.

용매에 용질을 녹이면 용액의 끓는점이 상승합니다. 이것을 '끓는점 오름'이라고 합니다.

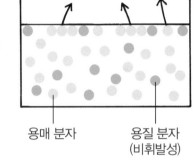

용매 분자   용질 분자
                        (비휘발성)

사과(용매 분자)뿐인
상태

사과에 귤(용질 분자)이
섞인 (용액) 상태

몰 어는점 내림과 몰 끓는점 오름

끓는점 오름이나 어는점 내림의 정도는 용액에 녹아 있는 물질의 몰 (mol) 수에 비례합니다. 그 관계를 이용하면 구조가 불분명한 분자의 분자량을 구할 수 있습니다.

1 ▶▶ 몰 어는점 내림

용액의 어는점(녹는점)이 순 용매의 어는점보다 얼마나 낮은지는 용액의 농도에 비례합니다.

순 용매 1,000그램에 용질 1몰을 녹였을 때 용액의 어는점이 순 용매의 어는점보다 낮아지는 현상을 몰 어는점 내림이라고 하고 상수 K_f라고 합니다. 상수 K_f의 값은 순 용매의 종류에 따라 다릅니다. 자주 쓰는 용매의 K_f를 오른쪽 표에 정리했습니다.

2 ▶▶ 분자량 측정

이 관계를 이용하면 구조가 불분명한 시료의 분자량을 구할 수 있습니다.

벤젠 1,000그램에 미지의 시료 100그램을 녹인 용액의 녹는점을 측정했더니 벤젠의 녹는점 5.5도보다 낮은 0.4도에서 결정화했다고 가정합시다. 이때 내려간 녹는점의 값은 5.1도로 벤젠의 K_f와 같습니다.

이는 그 용액에 1몰의 물질이 녹아 있다는 뜻으로 100그램이 1몰에 해당하는 셈입니다. 따라서 이 분자의 분자량은 100입니다.

같은 방식으로 벤조산(분자식 $C_7H_6O_2$, 분자량 122)의 분자량을 측정하면 약 240이 나옵니다. 이것은 벤젠 속의 벤조산이 수소 결합하여 이량체 (이합체)가 되었음을 의미합니다.

3 ▶▶ 몰 끓는점 오름

몰 끓는점 오름은 몰 어는점 내림과 같습니다. 순 용매 1,000그램에 용질 1몰이 녹아 있는 용액의 끓는점이 순 용매의 끓는점보다 높아지는 현상을 몰 끓는점 오름이라고 하고 상수를 K_b라고 합니다. 역시 이 관계를 이용하면 구조가 불분명한 시료의 분자량을 구할 수 있습니다.

용매	어는점(℃)	K_f	끓는점(℃)	K_b
물	0	1.86	100	0.52
벤젠	5.5	5.12	80.2	2.57
장뇌	178	40.0	209	6.09

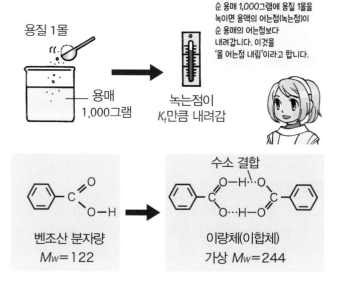

순 용매 1,000그램에 용질 1몰을 녹이면 용액의 어는점(녹는점)이 순 용매의 어는점보다 내려갑니다. 이것을 '몰 어는점 내림'이라고 합니다.

용질 1몰

용매 1,000그램

녹는점이 K_f만큼 내려감

수소 결합

벤조산 분자량 $Mw=122$

이량체(이합체) 가상 $Mw=244$

열과 환경

화학과 환경 문제는 떼려야 뗄 수 없습니다. 지금까지 살펴본 화학 열역학 이야기를 마무리하며 화학과 환경의 관계를 살펴보겠습니다.

1 ▶▶ 태양 에너지

지구에는 두 개의 열원이 있습니다. 하나는 태양에서 오는 에너지고 다른 하나는 땅에서 오는 에너지입니다.

그림 1은 태양 에너지의 출입에 따른 계산 결과를 나타낸 그림입니다. 태양에서 지구권 내로 들어오는 에너지를 100이라고 할 때 대기에 흡수되거나 지표면에 도달하는 에너지는 ②+③인 69입니다. 이 에너지는 후에 전도나 복사를 통해 다시 우주 공간으로 방출됩니다. 그 결과 들어오는 에너지와 나가는 에너지가 균형을 이뤄 지구는 늘 같은 기온을 유지합니다.

하지만 지구 기온이 점점 높아지는 지구온난화가 일어나고 있어요. 원인으로 지목되는 것은 온실가스로, 폐해는 지구온난화 지수로 가늠할 수 있습니다.

표에 따르면 이산화 탄소 지수는 크지 않은 것을 알 수 있습니다. 다만 배출량이 많아 문제가 되고 있습니다. 석유 1그램을 태우면 그보다 세 배 많은 3그램의 이산화 탄소가 배출된다는 점을 기억하세요.

2 ▶▶ 지열에너지

지름이 1만 3천킬로미터 정도인 지구는 층으로 되어 있습니다. 맨 바깥에 있는 지각의 두께는 30킬로미터에 불과합니다. 안쪽에는 맨틀이 있으며 온도가 수천 도에 달하는 뜨거운 환경입니다. 맨틀 안쪽으로는 외핵과 내핵이 이어지는데 맨틀보다 더 뜨겁습니다(그림 2).

지구를 사과에 비유하자면 하얀 알맹이 부분을 뜨거운 용암, 그 위의 껍질 부분을 지각이라고 할 수 있습니다.

이러한 지구 내부의 열 일부는 지구 생성기에 폭발한 용암의 잔열이거나 일부는 지금도 붕괴하고 있는 원자핵의 방출 열일 것입니다. 지구는 살아 있는 별임을 새삼 실감할 수 있는 부분입니다.

그림 1

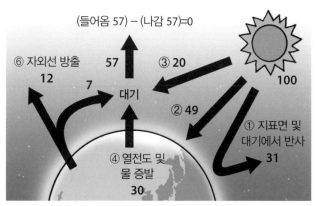

(들어옴 57) − (나감 57)=0

⑥ 자외선 방출 57 ③ 20

12 7

대기

② 49

④ 열전도 및 물 증발

30

① 지표면 및 대기에서 반사

31

100

대기 (입사 20+30+7) − (방출 57) = 0
지구 전체 (입사 20+49) − (방출 12+57) = 0

그림 2

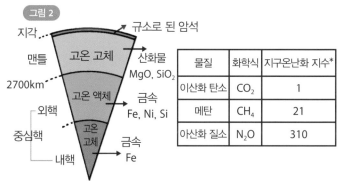

지각 ···· 규소로 된 암석
맨틀 ···· 고온 고체 산화물 MgO, SiO_2
2700km ···· 고온 액체 금속 Fe, Ni, Si
외핵
중심핵 고온 고체 금속 Fe
내핵

물질	화학식	지구온난화 지수*
이산화 탄소	CO_2	1
메탄	CH_4	21
아산화 질소	N_2O	310

출처: 사이토 가쓰히로 『環境 ここがポイント 환경, 여기가 포인트』 〈三共出版〉 2007

* 오존은 세 번째로 중요한 온실가스이나 지구온난화 지수 목록에 포함되지 않는다. 표 외에 대표적 온실가스로 수소 불화 탄소(HFCs), 과불화 탄소(PFCs), 육불화 황(SF6), 삼불화 질소(NF_3)가 있다.

10-10

에너지와 환경

현대 사회는 에너지 위에 세워졌다고 해도 과언이 아닙니다. 방대한 에너지를 어디서 조달하고 그 부족분을 어떻게 메울지에 인간의 미래가 달려 있습니다.

1 ▶▶ 연소 에너지

인간이 인류의 여명기부터 써 온 에너지는 아마 연소열일 것입니다. 연료는 목재에서 화석 연료로 바뀌었으나 에너지의 발생 원리는 다르지 않지요.

차이점이 있다면 목재는 이산화 탄소에 의한 광합성으로 생겨나 연소해도 그저 원래 있던 이산화 탄소가 방출된다는 점입니다. 이른바 이산화 탄소의 순환 이용이지요. 반면 화석 연료에서 발생한 이산화 탄소는 아주 오래전에 비롯된 것으로 현대 식물은 그것을 순환시킬 여력이 없습니다. 그래서 이산화 탄소로 인한 지구온난화가 골칫거리가 되었어요.

2 ▶▶ 핵에너지

20세기 들어 비로소 인류가 손에 넣은 에너지가 있습니다. 바로 원자핵 에너지입니다. 핵융합과 핵분열에 의해 발생하는 원자핵 에너지는 둘 다 인류에 의해 폭탄을 만드는 기술로 사용되었습니다.

그러나 평화롭게 이용할 수 있는 것은 핵분열뿐입니다. 핵융합을 평화롭게 이용할 수 있다면 에너지 고갈 문제가 해소될 것이라 말하지만, 현실은 아직 먼 이야기인 듯합니다.

핵분열에서 가장 문제가 되는 것은 방사성 폐기물입니다. 노출되면 매우 위험하기 때문에 안전한 처리 방법을 찾는 것이 시급한 과제입니다.

    태양 에너지를 직접 전력으로 변환하는 장치는 태양 전지입니다. 현재는 실리콘을 이용한 태양 전지가 주류지만 각종 금속 화합물 또는 유기물을 이용한 태양 전지가 개발되고 있습니다. 가까운 미래에는 태양 전지로 가정에서 쓰는 전력을 모두 충당할 수 있을지도 모릅니다.

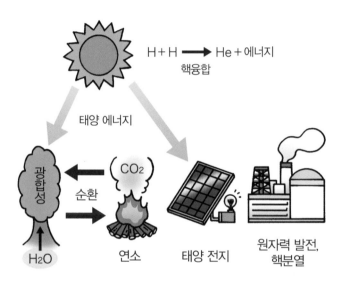

$$H + H \longrightarrow He + 에너지$$

핵융합

태양 에너지

광합성

CO_2

순환

H_2O

연소

태양 전지

원자력 발전, 핵분열

우리가 생존하는 데는 '에너지'가 꼭 필요합니다. 따라서 각종 에너지를 균형 있게 사용해야 합니다.

제10장　연습 문제

1 다음 문장 중, 틀린 부분이 있을 경우 바르게 고치세요.

A : 고체, 액체, 기체 중 가장 규칙적인 상태는 기체다.

B : 증발한 기체의 압력을 증기압이라고 한다.

C : 끓음은 증발의 일종으로, 증발한 기체의 압력이 대기압과 같아지는 상태를 말한다.

D : 상태의 엔트로피 양을 큰 순서대로 나열하면 고체>액체>기체다.

E : 높은 산에서 짓는 밥이 설익는 이유는 물의 끓는점이 높아지기 때문 이다.

F : 얼음에 압력을 가하면 녹는 이유는 얼음의 녹는점이 높아지기 때문이다.

G : 물의 임계점에서는 얼음물이 끓는다.

H : 초임계 상태인 물은 유기물을 녹이므로 유기 반응 용매로 쓸 수 있다.

I : 초임계 상태의 물을 이용하면 PCB를 효율적으로 분해할 수 있다.

J : 용액의 끓는점은 순 용매의 끓는점보다 낮아진다.

K : 지구 내부가 뜨거운 이유는 원자핵 반응 때문이다.

L : 태양광 에너지를 직접 전기로 바꾸는 것은 태양 전지다.

정답은 218쪽에 있습니다.

연습 문제

정답

문제1 B D E G

문제2 A B E

문제3 a : A d : A b : B c : B

문제4 ① 성질 ② 입자 ③ 원자 ④ 결합 ⑤ 반응 에너지
⑥ 등적 ⑦ 엔탈피

문제1 O : B D F G

문제2 ① 전자기파 ② 파장 ③ 진동수 ④ 광속도 ⑤ 진동수
⑥ 파장 ⑦ 반 ⑧ 400 ⑨ 800 ⑩ 가시광선 ⑪ 일곱
⑫ 적외선 ⑬ 자외선

문제1 A−Z

문제2 A : 원자 번호 Z−2, 질량수 A−4
B : 원자 번호 Z+1, 질량수 A
C : 원자 번호 Z, 질량수 A

문제3 A : 2개 B : 8개 C : 18개

문제4 4분의 1로 낮아진다

문제5 A : 1개 B : 4개 C : 5개 D : 6개 E : 7개 F : 8개

문제6 이온화 에너지

문제1 A : 500 → 90 B : 중성원자 → 이온 C : 결합 전자구름 → 자유 전자
D : 달구면 → 식히면 E : 비공유 전자쌍 → 홀전자 F : 높여 → 낮춰
G : 높은 → 낮은 H : 반응 → 결합 I : 크다 → 작다
J : 바닥 → 들뜬 K : 강하다 → 약하다 L : 부등호 방향을 반대로

216

제5장　정답

문제1　① 상태　② 총량　③ 마이너스　④ 양자
　　　　　⑤ 발열　⑥ 용매화　⑦ 산소　⑧ 발광
　　　　　⑨ 생물　⑩ 흡수　⑪ 보색

제6장　정답

문제1　8분의 1
문제2　전이 상태, 활성화 에너지
문제3　평형 상태
문제4　중간체
문제5　활성 수소
문제6　속도 상수
문제7　아레니우스 식

제7장　정답

문제1　A : 틀린 부분 없음
　　　　B : 같더라도 A와 C의 온도는 다를 수 있다 → 같으면 A와 C의 온도도 같다
　　　　C : 농도 → 부피
　　　　D : 비례 → 반비례
　　　　E : 절대 온도의 제곱 → 루트 절대 온도
　　　　F : 증가 → 감소
　　　　G : 틀린 부분 없음
　　　　H : 엔트로피 → 엔탈피
　　　　I : 비열 → 몰 열용량
　　　　J : 틀린 부분 없음
　　　　K : 틀린 부분 없음

제8장 정답

문제1 a : 모두   b : 없음
문제2 ○ : 없음(모두 틀림)
문제3 ① 무질서 ② 규칙성 ③ 작다 ④ 운동 ⑤ 작아 ⑥ 0

제9장 정답

문제1 ○ : A   D   농도 변화 ③ 평형 상태 ④ 속도

제10장 정답

문제1 A : 기체 → 고체
B : 옳음
C : 옳음
D : 부등호 방향을 반대로
E : 높아지기 → 낮아지기
F : 올라가기 → 내려가기
G : 임계점 → 삼중점
H : 옳음
I : 옳음
J : 낮아진다 → 높아진다
K : 옳음
L : 옳음

218

주요 참고 도서

P. A. Atkins(著), 千原秀昭・中村亘男(訳), 『アトキンス物理化学 <上> <下>』第6版, 東京化学同人, 2001.

David W. Ball(著), 田中一義, 中沢康浩, 阿竹 徹・弥田智一, 大谷文章, 川路 均(訳), 『ボール 物理化学 <上> <下>』 化学同人<上> 2004, <下> 2005.

坪村 宏, 『ボール 物理化学 <上> <下>』, 化学同人, 1994.

中村義男, 『化学熱力学の基礎』, 三共出版, 1995.

渡辺 啓, 『化学熱力学 新訂版』, サイエンス社, 2006.

小島和夫, 『やさしい化学熱力学入門—これから熱力学を学ぶ人のために』, 講談社, 2008.

齋藤勝裕, 『反応速度論─化学を新しく理解するためのエッセンス』, 三共出版, 1998.

齋藤勝裕, 『絶対わかる物理化学』, 講談社, 2003.

齋藤勝裕, 浜井三洋, 『絶対わかる化学熱力学』, 講談社, 2008.

齋藤勝裕, 『数学いらずの化学反応論 ─反応速度の基本概念を理解するために』, 化学同人, 2009.

齋藤勝裕, 『知っておきたいエネルギーの基礎知識』, サイエンス・アイ新書, 2010.

하루 한 권, 화학 열역학

초판 1쇄 발행 2023년 10월 31일
초판 2쇄 발행 2024년 03월 08일

지은이 사이토 가쓰히로
그린이 다카무라 가이
옮긴이 정혜원
발행인 채종준

출판총괄 박능원
국제업무 채보라
책임편집 신대리라 · 박민지
마케팅 문선영
전자책 정담자리

브랜드 드루
주소 경기도 파주시 회동길 230 (문발동)
투고문의 ksibook13@kstudy.com

발행처 한국학술정보(주)
출판신고 2003 년 9 월 25 일 제 406-2003-000012 호
인쇄 북토리

ISBN 979-11-6983-717-0 04400
      979-11-6983-178-9 (세트)

드루는 한국학술정보(주)의 지식 · 교양도서 출판 브랜드입니다.
세상의 모든 지식을 두루두루 모아 독자에게 내보인다는 뜻을 담았습니다.
지적인 호기심을 해결하고 생각에 깊이를 더할 수 있도록, 보다 가치 있는 책을 만들고자 합니다.